5年生で習ったこと ①

JN111059

1 次の計算をしましょう。

① 　　1.7
　　× 2.6

② 　　3.5
　　× 4.7

③ 　　
　　× 5.9

④ 　　　12
　　× 3.14

⑤ 　　0.56
　　× 　3.4

⑥ 　　5.5
　　× 0.29

⑦ 　　3.6
　　× 0.65

⑧ 　　0.23
　　× 0.46

⑨ 　　0.03
　　× 0.27

⑩ 　　4.7
　　× 6.07

⑪ 　　0.09
　　× 3.18

小数点の位置に
注意して、
計算しよう。

2 次の計算を、わり切れるまでしましょう。　　　32点(1つ4)

① $1.6\overline{)6.88}$　　　② $4.8\overline{)36.48}$　　　③ $0.67\overline{)4.69}$

④ $0.07\overline{)9.45}$　　　⑤ $3.8\overline{)3.23}$　　　⑥ $0.8\overline{)7}$

⑦ $2.5\overline{)6}$　　　⑧ $1.25\overline{)7.25}$

わる数が整数になるように、わる数とわられる数を 10倍、100倍、…して計算するよ。

3 次の計算をして、商を四捨五入で $\dfrac{1}{10}$ の位までの概数で表しましょう。　24点(1つ4)

① $8.7\overline{)32}$　　　② $6.3\overline{)43}$　　　③ $3.3\overline{)7.5}$

（　　　）　　　　（　　　）　　　　（　　　）

④ $2.4\overline{)8.7}$　　　⑤ $0.7\overline{)67}$　　　⑥ $3.6\overline{)6.67}$

（　　　）　　　　（　　　）　　　　（　　　）

小数×小数、小数÷小数の計算では、答えの小数点の位置に注意しよう。

名前

月　日　時　分〜　時　分

点

❶　次の計算をしましょう。　　　　　　　　　　　　　　48点(1つ4)

①　$\dfrac{1}{5}+\dfrac{1}{3}$

②　$\dfrac{3}{4}+\dfrac{2}{9}$

③　$\dfrac{2}{3}+\dfrac{5}{6}$

④　$1\dfrac{3}{4}+\dfrac{4}{5}$

⑤　$\dfrac{1}{5}+\dfrac{3}{10}$

⑥　$3\dfrac{5}{6}+1\dfrac{1}{2}$

⑦　$3\dfrac{1}{8}+\dfrac{3}{10}$

⑧　$\dfrac{2}{3}+\dfrac{2}{15}$

⑨　$\dfrac{3}{4}+\dfrac{5}{6}$

⑩　$1\dfrac{2}{3}+2\dfrac{1}{2}$

⑪　$\dfrac{9}{7}+\dfrac{5}{4}$

⑫　$2\dfrac{1}{6}+1\dfrac{3}{10}$

❷ 次の計算をしましょう。

① $\dfrac{1}{4} - \dfrac{1}{7}$

② $\dfrac{5}{8} - \dfrac{1}{4}$

③ $\dfrac{4}{3} - \dfrac{5}{6}$

④ $2\dfrac{1}{6} - 1\dfrac{5}{12}$

⑤ $1\dfrac{2}{15} - \dfrac{3}{10}$

⑥ $3\dfrac{2}{5} - \dfrac{2}{3}$

⑦ $1\dfrac{5}{8} - \dfrac{5}{6}$

⑧ $\dfrac{5}{6} - \dfrac{7}{10}$

⑨ $\dfrac{7}{9} - \dfrac{5}{12}$

⑩ $3\dfrac{1}{6} - 1\dfrac{2}{3}$

⑪ $\dfrac{7}{5} - \dfrac{4}{7}$

⑫ $\dfrac{1}{6} - \dfrac{1}{14}$

⑬ $3\dfrac{5}{18} - 1\dfrac{4}{9}$

分母のちがう分数のたし算・ひき算では、通分（分母が同じ分数になおす）してから
計算しよう。約分もわすれないでね。

月　日　時　分〜　時　分

名前

点

1 次の計算をしましょう。　48点(1つ4)

① $\dfrac{2}{7} \times 3 = \dfrac{2 \times 3}{7}$　$\dfrac{2}{7} \times 3$ は $\dfrac{1}{7}$ の (2×3)個です。

　　　　　$= \dfrac{6}{7}$

分数に整数をかけるには、分母はそのままで、分子にその整数をかけるよ。

② $\dfrac{1}{3} \times 2$

③ $\dfrac{1}{4} \times 3$

④ $\dfrac{1}{5} \times 2$

⑤ $\dfrac{1}{6} \times 5$

⑥ $\dfrac{1}{5} \times 4$

⑦ $\dfrac{3}{7} \times 2$

⑧ $\dfrac{2}{9} \times 4$

⑨ $\dfrac{2}{5} \times 2$

⑩ $\dfrac{3}{10} \times 3$

⑪ $\dfrac{4}{9} \times 2$

⑫ $\dfrac{1}{13} \times 3$

❷ 次の計算をしましょう。 52点(1つ4)

① $\dfrac{2}{3} \times 2$

② $\dfrac{2}{5} \times 4$

③ $\dfrac{5}{6} \times 7$

④ $\dfrac{3}{7} \times 3$

⑤ $\dfrac{4}{5} \times 4$

⑥ $\dfrac{7}{10} \times 9$

⑦ $\dfrac{7}{9} \times 4$

⑧ $\dfrac{4}{11} \times 8$

⑨ $\dfrac{9}{10} \times 13$

⑩ $\dfrac{5}{8} \times 7$

⑪ $\dfrac{1}{8} \times 9$

⑫ $\dfrac{4}{7} \times 6$

⑬ $\dfrac{9}{4} \times 3$

分数と整数のかけ算では、かける数の整数は分子だけにかけるんだね。

❶ 次の計算をしましょう。　48点(1つ4)

① $\dfrac{3}{8} \times 4 = \dfrac{3 \times \overset{1}{4}}{\underset{2}{8}} = \dfrac{3}{2} \quad \left(1\dfrac{1}{2}\right)$

> とちゅうで約分すると
> 計算が楽になるよ。

② $\dfrac{1}{4} \times 2$

③ $\dfrac{1}{6} \times 3$

④ $\dfrac{1}{9} \times 6$

⑤ $\dfrac{1}{8} \times 2$

⑥ $\dfrac{1}{12} \times 4$

⑦ $\dfrac{3}{8} \times 2$

⑧ $\dfrac{2}{15} \times 3$

⑨ $\dfrac{2}{21} \times 3$

⑩ $\dfrac{3}{10} \times 5$

⑪ $\dfrac{2}{9} \times 3$

⑫ $\dfrac{3}{4} \times 6$

❷ 次の計算をしましょう。 52点(1つ4)

① $\dfrac{7}{10} \times 5$

② $\dfrac{5}{12} \times 4$

③ $\dfrac{3}{5} \times 5$

④ $\dfrac{5}{8} \times 12$

⑤ $\dfrac{3}{4} \times 8$

⑥ $\dfrac{6}{5} \times 15$

⑦ $\dfrac{6}{55} \times 22$

⑧ $\dfrac{7}{6} \times 4$

⑨ $\dfrac{14}{9} \times 6$

⑩ $\dfrac{7}{45} \times 15$

⑪ $\dfrac{5}{26} \times 13$

⑫ $\dfrac{3}{32} \times 8$

⑬ $\dfrac{2}{7} \times 28$

分数に整数をかける計算では、分母とかける整数で約分できるときは、約分してから計算すると簡単になるね。

5 分数×分数 ①

1 次の計算をしましょう。 44点(1つ4)

① $\dfrac{1}{2} \times \dfrac{3}{5} = \dfrac{1 \times 3}{2 \times 5}$

$\quad = \dfrac{3}{10}$

分数のかけ算では、分母どうし、分子どうしをそれぞれかけるよ。

$\dfrac{b}{a} \times \dfrac{d}{c} = \dfrac{b \times d}{a \times c}$

② $\dfrac{1}{3} \times \dfrac{1}{4}$

③ $\dfrac{1}{2} \times \dfrac{1}{5}$

④ $\dfrac{2}{5} \times \dfrac{1}{7}$

⑤ $\dfrac{1}{7} \times \dfrac{3}{5}$

⑥ $\dfrac{3}{4} \times \dfrac{1}{5}$

⑦ $\dfrac{2}{9} \times \dfrac{2}{3}$

⑧ $\dfrac{1}{6} \times \dfrac{5}{7}$

⑨ $\dfrac{5}{6} \times \dfrac{7}{8}$

⑩ $\dfrac{7}{9} \times \dfrac{5}{8}$

⑪ $\dfrac{4}{7} \times \dfrac{4}{5}$

❷ 次の計算をしましょう。　　　　　　　　　　　　　

① $\dfrac{5}{8} \times \dfrac{3}{7}$

② $\dfrac{7}{9} \times \dfrac{2}{5}$

③ $\dfrac{5}{6} \times \dfrac{5}{9}$

④ $\dfrac{3}{2} \times \dfrac{3}{2}$

⑤ $\dfrac{3}{2} \times \dfrac{7}{5}$

⑥ $\dfrac{3}{4} \times \dfrac{7}{8}$

⑦ $\dfrac{5}{8} \times \dfrac{7}{9}$

⑧ $\dfrac{8}{9} \times \dfrac{5}{7}$

⑨ $\dfrac{3}{7} \times \dfrac{3}{8}$

⑩ $\dfrac{9}{10} \times \dfrac{3}{5}$

⑪ $\dfrac{5}{7} \times \dfrac{4}{7}$

⑫ $\dfrac{3}{4} \times \dfrac{9}{5}$

⑬ $\dfrac{7}{6} \times \dfrac{5}{3}$

⑭ $\dfrac{8}{5} \times \dfrac{4}{7}$

分数どうしのかけ算では、分母どうし、分子どうしをそれぞれかければいいね。
仮分数でも計算のしかたは同じだよ。

6 分数×分数 ②

月 日	時 分～ 時 分
名前	
	点

1 次の計算をしましょう。 48点(1つ4)

① $2 \times \dfrac{3}{7} = \dfrac{2}{1} \times \dfrac{3}{7} = \dfrac{2 \times 3}{1 \times 7}$

$\qquad\qquad\qquad = \dfrac{6}{7}$

整数×分数、分数×整数では、
整数は、分母が1の分数に
なおして計算できるよ。

② $3 \times \dfrac{1}{5}$

③ $4 \times \dfrac{2}{9}$

④ $2 \times \dfrac{2}{7}$

⑤ $7 \times \dfrac{5}{9}$

⑥ $6 \times \dfrac{2}{11}$

⑦ $5 \times \dfrac{5}{12}$

⑧ $4 \times \dfrac{3}{7}$

⑨ $3 \times \dfrac{7}{10}$

⑩ $\dfrac{3}{8} \times 5$

⑪ $\dfrac{4}{7} \times 6$

⑫ $\dfrac{5}{9} \times 4$

❷ 次の計算をしましょう。　　　　　　　　　　　　　　　52点(1つ4)

① $1\dfrac{1}{2} \times \dfrac{3}{5} = \dfrac{3}{2} \times \dfrac{3}{5} = \dfrac{3 \times 3}{2 \times 5}$

$\qquad\qquad\qquad\qquad = \dfrac{9}{10}$

帯分数のかけ算では、
仮分数になおして
計算するよ。

② $1\dfrac{2}{3} \times \dfrac{1}{7}$

③ $\dfrac{3}{4} \times 2\dfrac{1}{7}$

④ $\dfrac{2}{5} \times 2\dfrac{1}{3}$

⑤ $\dfrac{5}{7} \times 4\dfrac{1}{7}$

⑥ $\dfrac{3}{8} \times 2\dfrac{1}{5}$

⑦ $4\dfrac{1}{4} \times \dfrac{5}{6}$

⑧ $1\dfrac{2}{5} \times 1\dfrac{3}{4}$

⑨ $2\dfrac{1}{2} \times 2\dfrac{3}{7}$

⑩ $3\dfrac{2}{3} \times 1\dfrac{1}{6}$

⑪ $1\dfrac{3}{4} \times 2\dfrac{3}{5}$

⑫ $2\dfrac{1}{9} \times \dfrac{4}{5}$

⑬ $1\dfrac{3}{7} \times 2\dfrac{5}{9}$

分数と整数のかけ算では、整数を分母が１の分数と考えて計算できるよ。帯分数の
かけ算では、帯分数を仮分数になおしてから、分母どうし、分子どうしをかけるよ。

月　日　　時　分～　時　分

名前

点

❶ 次の計算をしましょう。

48点(1つ4)

① $\dfrac{1}{3} \times \dfrac{1}{5}$

② $\dfrac{5}{6} \times \dfrac{1}{3}$

③ $\dfrac{9}{8} \times \dfrac{7}{4}$

④ $\dfrac{7}{5} \times \dfrac{4}{3}$

⑤ $\dfrac{3}{7} \times \dfrac{9}{10}$

⑥ $\dfrac{3}{4} \times \dfrac{3}{5}$

⑦ $\dfrac{9}{7} \times \dfrac{6}{5}$

⑧ $\dfrac{1}{2} \times \dfrac{3}{7}$

⑨ $\dfrac{2}{9} \times \dfrac{7}{9}$

⑩ $\dfrac{3}{2} \times \dfrac{3}{8}$

⑪ $\dfrac{5}{8} \times \dfrac{3}{7}$

⑫ $\dfrac{9}{10} \times \dfrac{7}{5}$

❷ 次の計算をしましょう。　　　　　　　　　　　　52点(1つ4)

① $3 \times \dfrac{4}{5}$

② $5 \times \dfrac{2}{3}$

③ $2 \times \dfrac{5}{9}$

④ $\dfrac{6}{7} \times 4$

⑤ $\dfrac{7}{10} \times 3$

⑥ $7 \times \dfrac{5}{6}$

⑦ $1\dfrac{1}{2} \times \dfrac{3}{7}$

⑧ $\dfrac{4}{5} \times 2\dfrac{1}{3}$

⑨ $2\dfrac{1}{3} \times 1\dfrac{2}{9}$

⑩ $5\dfrac{2}{3} \times \dfrac{5}{6}$

⑪ $\dfrac{7}{8} \times 2\dfrac{3}{5}$

⑫ $3\dfrac{1}{2} \times 1\dfrac{3}{8}$

⑬ $3\dfrac{1}{4} \times 1\dfrac{2}{3}$

帯分数のかけ算では、帯分数を仮分数になおしてから、分母どうし、分子どうしを
かけよう。

8 約分のあるかけ算

1 次の計算をしましょう。　　　　　　　　　　　　　55点(1つ5)

① $\dfrac{4}{9} \times \dfrac{5}{8} = \dfrac{4 \times 5}{9 \times 8}$

$= \dfrac{5}{18}$

> 分数×分数では、とちゅうで約分して計算するといいよ。

② $\dfrac{2}{5} \times \dfrac{1}{6}$　　　　　③ $\dfrac{5}{6} \times \dfrac{3}{7}$

④ $\dfrac{3}{4} \times \dfrac{8}{9} = \dfrac{3 \times 8}{4 \times 9}$

$= \dfrac{2}{3}$

⑤ $\dfrac{3}{8} \times \dfrac{2}{3}$

⑥ $\dfrac{10}{9} \times \dfrac{3}{5}$　　　　　⑦ $\dfrac{8}{3} \times \dfrac{9}{4}$

⑧ $\dfrac{4}{7} \times \dfrac{7}{8}$　　　　　⑨ $\dfrac{5}{9} \times \dfrac{3}{10}$

⑩ $\dfrac{9}{10} \times \dfrac{5}{6}$　　　　　⑪ $\dfrac{3}{5} \times \dfrac{5}{3}$

❷ 次の計算をしましょう。

① $\dfrac{1}{6} \times 4 = \dfrac{1 \times \overset{2}{\cancel{4}}}{\underset{3}{\cancel{6}} \times 1}$

$\qquad\quad = \dfrac{2}{3}$

分子にその整数をかけて、
分母と約分してもいいよ。

$\dfrac{1}{6} \times 4 = \dfrac{1 \times \overset{2}{\cancel{4}}}{\underset{3}{\cancel{6}}} = \dfrac{2}{3}$

② $\dfrac{5}{8} \times 2$

③ $\dfrac{7}{9} \times 12$

④ $6 \times \dfrac{3}{10}$

⑤ $9 \times \dfrac{5}{6}$

❸ 次の計算をしましょう。

① $\dfrac{1}{4} \times \dfrac{3}{5} \times \dfrac{8}{9} = \dfrac{1 \times \overset{1}{\cancel{3}} \times \overset{2}{\cancel{8}}}{\underset{1}{\cancel{4}} \times 5 \times \underset{3}{\cancel{9}}}$

$\qquad\qquad\quad = \dfrac{2}{15}$

分母と分子で、もう
約分できるものがないか
確かめよう。

② $\dfrac{2}{9} \times \dfrac{3}{5} \times \dfrac{1}{4}$

③ $\dfrac{5}{6} \times \dfrac{3}{7} \times \dfrac{1}{10}$

④ $\dfrac{4}{9} \times \dfrac{6}{7} \times 1\dfrac{2}{5} = \dfrac{4 \times \overset{2}{\cancel{6}} \times \overset{1}{\cancel{7}}}{\underset{3}{\cancel{9}} \times \underset{1}{\cancel{7}} \times 5}$

帯分数は
仮分数に
なおす　　　 $= \dfrac{8}{15}$

⑤ $\dfrac{4}{5} \times 1\dfrac{2}{3} \times \dfrac{6}{7}$

分数と分数のかけ算では分母と分子の間で約分してから計算できるよ。答えてもう
一度約分を確認しよう。

月　　日　　時　分〜　時　分

名前

点

1 次の計算をしましょう。　　　　　　　　　　　　　48点（1つ4）

① $\dfrac{1}{7} \times \dfrac{1}{4}$

② $\dfrac{2}{5} \times \dfrac{2}{3}$

③ $\dfrac{5}{6} \times \dfrac{7}{8}$

④ $\dfrac{5}{8} \times \dfrac{7}{9}$

⑤ $\dfrac{3}{5} \times \dfrac{3}{2}$

⑥ $\dfrac{7}{11} \times \dfrac{5}{8}$

⑦ $\dfrac{2}{9} \times \dfrac{8}{5}$

⑧ $\dfrac{7}{10} \times \dfrac{3}{4}$

⑨ $\dfrac{7}{4} \times \dfrac{7}{9}$

⑩ $\dfrac{9}{10} \times \dfrac{9}{8}$

⑪ $\dfrac{10}{3} \times \dfrac{8}{7}$

⑫ $\dfrac{5}{4} \times \dfrac{11}{8}$

❷ 次の計算をしましょう。 52点(1つ4)

① $\dfrac{1}{2} \times \dfrac{2}{3}$　　　　　　② $\dfrac{3}{4} \times \dfrac{5}{3}$

③ $\dfrac{5}{6} \times \dfrac{8}{3}$　　　　　　④ $\dfrac{5}{6} \times \dfrac{3}{4}$

⑤ $\dfrac{5}{8} \times \dfrac{7}{5}$　　　　　　⑥ $\dfrac{4}{9} \times \dfrac{12}{7}$

⑦ $\dfrac{2}{3} \times \dfrac{3}{8}$　　　　　　⑧ $\dfrac{5}{12} \times \dfrac{3}{10}$

⑨ $\dfrac{3}{4} \times \dfrac{4}{9}$　　　　　　⑩ $\dfrac{6}{5} \times \dfrac{10}{3}$

⑪ $\dfrac{4}{3} \times \dfrac{9}{8}$　　　　　　⑫ $\dfrac{7}{9} \times \dfrac{9}{7}$

⑬ $\dfrac{15}{8} \times \dfrac{4}{5}$

> 式のとちゅうだけでなく、
> 答えについても、
> 約分できないかどうか、
> 確かめてみよう。

分数×分数の計算は、分母どうし、分子どうしをそれぞれかけて計算するよ。
かける前に、分母と分子の間で約分できるものがあれば約分しよう。

❶ 次の計算をしましょう。

48点(1つ4)

① $4 \times \dfrac{5}{9}$

② $5 \times \dfrac{7}{6}$

③ $\dfrac{3}{4} \times 7$

④ $\dfrac{10}{7} \times 3$

⑤ $6 \times \dfrac{5}{8}$

⑥ $10 \times \dfrac{7}{15}$

⑦ $9 \times \dfrac{7}{6}$

⑧ $4 \times \dfrac{5}{12}$

⑨ $7 \times \dfrac{3}{14}$

⑩ $\dfrac{7}{10} \times 5$

⑪ $\dfrac{1}{9} \times 9$

⑫ $\dfrac{11}{6} \times 8$

❷ 次の計算をしましょう。

① $\dfrac{3}{5} \times 2\dfrac{1}{4}$

② $9 \times 2\dfrac{1}{6}$

③ $1\dfrac{4}{7} \times \dfrac{5}{6}$

④ $3\dfrac{3}{4} \times 6$

⑤ $\dfrac{5}{6} \times 4\dfrac{1}{2}$

⑥ $2\dfrac{1}{5} \times 1\dfrac{1}{9}$

⑦ $1\dfrac{1}{14} \times 2\dfrac{1}{10}$

⑧ $1\dfrac{1}{6} \times 1\dfrac{1}{7}$

⑨ $2\dfrac{1}{4} \times 1\dfrac{5}{9}$

⑩ $2\dfrac{1}{10} \times 2\dfrac{2}{3}$

⑪ $\dfrac{7}{3} \times \dfrac{5}{12} \times \dfrac{8}{7}$

⑫ $\dfrac{4}{9} \times \dfrac{5}{8} \times \dfrac{6}{5}$

⑬ $1\dfrac{7}{8} \times 2\dfrac{2}{3} \times \dfrac{9}{10}$

> 帯分数のかけ算では、
> 帯分数を仮分数になおして、
> 計算しよう。

分数×分数では、分母どうし、分子どうしをそれぞれかけて計算するよ。整数は分母が1の分数と考えて、帯分数は仮分数になおしてから、計算するよ。約分もわすれないでね。

11 逆数

1 次の分数の逆数をかきましょう。　　　　　　　　　　　52点(1つ4)

① $\dfrac{1}{3}$

$\dfrac{1}{3} \times \boxed{3} = 1$　なので、

$\dfrac{1}{3}$ の逆数は $\boxed{3}$

2つの数の積が1になるとき、
一方の数を他方の数の逆数というよ。

② $\dfrac{1}{5}$　　　　　③ $\dfrac{1}{7}$　　　　　④ $\dfrac{1}{10}$

⑤ $\dfrac{3}{4}$

$\dfrac{3}{4} \times \boxed{\dfrac{4}{3}} = 1$　なので、

$\dfrac{3}{4}$ の逆数は $\boxed{\dfrac{4}{3}\left(1\dfrac{1}{3}\right)}$

$\dfrac{b}{a} \times \dfrac{a}{b} = 1$ のように積が1になるので、
$\dfrac{b}{a}$ と $\dfrac{a}{b}$ は逆数どうしになるよ。

⑥ $\dfrac{5}{7}$　　　　　⑦ $\dfrac{3}{8}$　　　　　⑧ $\dfrac{7}{12}$

⑨ $\dfrac{2}{15}$　　　　⑩ $\dfrac{7}{3}$　　　　　⑪ $\dfrac{11}{6}$

⑫ $1\dfrac{1}{4}$　　　　　　　　　　　　　　⑬ $2\dfrac{2}{3}$

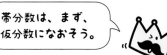

帯分数は、まず、
仮分数になおそう。

❷ 次の数の逆数をかきましょう。　　　　　　　　　　　　24点(1つ4)

① 4

$$\frac{4}{1} \times \boxed{\frac{1}{4}} = 1 \quad \text{なので、}$$

4の逆数は $\boxed{\frac{1}{4}}$

整数の逆数は、整数を分母が1の
分数になおしてから考えよう。

② 5　　　　　　③ 8　　　　　　　　④ 9

⑤ 11　　　　　　⑥ 18

❸ 次の数の逆数をかきましょう。　　　　　　　　　　　　24点(1つ4)

① 0.3

$$0.3 = \boxed{\frac{3}{10}}$$

小数の逆数は、小数を分母が10や100
の分数になおしてから考えよう。

$\boxed{\frac{3}{10}}$ の逆数は $\boxed{\frac{10}{3}} \left(\boxed{3\frac{1}{3}}\right)$

② 0.7　　　　　　③ 0.23　　　　　　④ 0.5

⑤ 0.8　　　　　　⑥ 1.25

分数にしたとき、約分を
わすれないでね。

分数のわり算をするときに、逆数はとても大切な考え方だよ。分数、整数、小数の
それぞれの場合について、逆数の考え方を理解しておこう。

月　日　　時　分〜　時　分

名前

点

❶ 次の計算をしましょう。

48点(1つ4)

① $\dfrac{5}{6} \div 3 = \dfrac{5}{6 \times 3} = \dfrac{5}{18}$

分数÷整数
↓
$\dfrac{b}{a} \div c = \dfrac{b}{a \times c}$

$\dfrac{5}{6} \div 3$ は
$\dfrac{1}{6 \times 3}$ の5個分になるね。

② $\dfrac{1}{3} \div 2$

③ $\dfrac{3}{4} \div 2$

④ $\dfrac{3}{5} \div 4$

⑤ $\dfrac{5}{7} \div 8$

⑥ $\dfrac{2}{3} \div 7$

⑦ $\dfrac{1}{6} \div 5$

⑧ $\dfrac{7}{10} \div 5$

⑨ $\dfrac{1}{2} \div 1$

⑩ $\dfrac{4}{9} \div 5$

⑪ $\dfrac{7}{8} \div 3$

⑫ $\dfrac{8}{9} \div 9$

❷ 次の計算をしましょう。

① $\dfrac{2}{9} \div 7$

② $\dfrac{7}{12} \div 3$

③ $\dfrac{8}{3} \div 3$

④ $\dfrac{6}{11} \div 7$

⑤ $\dfrac{9}{10} \div 8$

⑥ $\dfrac{7}{8} \div 10$

⑦ $\dfrac{11}{12} \div 6$

⑧ $\dfrac{5}{18} \div 4$

⑨ $\dfrac{3}{4} \div 1$

⑩ $\dfrac{9}{4} \div 16$

⑪ $\dfrac{4}{7} \div 3$

⑫ $\dfrac{2}{9} \div 11$

⑬ $\dfrac{7}{5} \div 12$

分数を整数でわるには、分子はそのままで、分母にその整数をかけるよ。

月　日　　時　分〜　時　分

名前

点

❶ 次の計算をしましょう。

① $\dfrac{4}{5} \div 2 = \dfrac{\overset{2}{\cancel{4}}}{5 \times \underset{1}{\cancel{2}}} = \dfrac{2}{5}$

分数のかけ算と同じように、約分してから計算するよ。

② $\dfrac{2}{3} \div 2$

③ $\dfrac{3}{4} \div 3$

④ $\dfrac{3}{5} \div 3$

⑤ $\dfrac{4}{9} \div 4$

⑥ $\dfrac{6}{7} \div 3$

⑦ $\dfrac{9}{10} \div 3$

⑧ $\dfrac{5}{8} \div 10$

⑨ $\dfrac{4}{7} \div 8$

⑩ $\dfrac{3}{7} \div 9$

⑪ $\dfrac{6}{11} \div 8$

⑫ $\dfrac{3}{5} \div 9$

❷ 次の計算をしましょう。　　　　　　　　　　52点(1つ4)

① $\dfrac{15}{7} \div 5$

② $\dfrac{6}{7} \div 8$

③ $\dfrac{2}{5} \div 2$

④ $\dfrac{3}{16} \div 9$

⑤ $\dfrac{8}{5} \div 18$

⑥ $\dfrac{10}{9} \div 5$

⑦ $\dfrac{3}{10} \div 9$

⑧ $\dfrac{14}{15} \div 42$

⑨ $\dfrac{7}{9} \div 49$

⑩ $\dfrac{12}{17} \div 8$

⑪ $\dfrac{16}{21} \div 20$

⑫ $\dfrac{49}{5} \div 35$

⑬ $\dfrac{12}{13} \div 16$

分数を整数でわる計算では、分子とわる数の整数の最大公約数を考えるよ。

14 分数÷分数 ①

月　　日　　時　分～　時　分

名前

点

① 次の計算をしましょう。

48点(1つ4)

① $1 \div \dfrac{1}{3} = 1 \times \boxed{3}$

$= \boxed{3}$

「$1 \div \dfrac{1}{3}$」は、1の中に$\dfrac{1}{3}$が
何個あるか計算することだよ。

② $2 \div \dfrac{1}{3}$

③ $5 \div \dfrac{1}{3}$

④ $\dfrac{1}{4} \div \dfrac{1}{3} = \dfrac{1}{4} \times \boxed{3}$

$= \boxed{\dfrac{3}{4}}$

わられる数が分数に
なっても、計算のしかたは
同じだよ。

⑤ $\dfrac{1}{7} \div \dfrac{1}{3}$

⑥ $\dfrac{2}{5} \div \dfrac{1}{3}$

⑦ $\dfrac{3}{7} \div \dfrac{1}{4}$

⑧ $\dfrac{5}{6} \div \dfrac{1}{7}$

⑨ $\dfrac{2}{3} \div \dfrac{1}{5}$

⑩ $\dfrac{3}{7} \div \dfrac{1}{2}$

⑪ $8 \div \dfrac{1}{5}$

⑫ $10 \div \dfrac{1}{9}$

52点(1つ4)

① $\dfrac{1}{5} \div \dfrac{1}{4} = \dfrac{1}{5} \times \boxed{4}$

$= \boxed{\dfrac{4}{5}}$

分子が 1 の分数でわる計算は、×(分母)となることを使って計算できるよ。

② $\dfrac{3}{4} \div \dfrac{1}{7}$

③ $\dfrac{2}{9} \div \dfrac{1}{4}$

④ $\dfrac{5}{7} \div \dfrac{1}{6}$

⑤ $\dfrac{3}{8} \div \dfrac{1}{9}$

⑥ $\dfrac{5}{4} \div \dfrac{1}{11}$

⑦ $\dfrac{3}{10} \div \dfrac{1}{9}$

⑧ $\dfrac{1}{13} \div \dfrac{1}{8}$

⑨ $\dfrac{2}{9} \div \dfrac{1}{11}$

⑩ $7 \div \dfrac{1}{6}$

⑪ $4 \div \dfrac{1}{10}$

⑫ $11 \div \dfrac{1}{4}$

⑬ $10 \div \dfrac{1}{6}$

28

分子が 1 の分数の逆数は整数になるから、分子が 1 の分数でわる計算は、整数をかける計算になるよ。

1 次の計算をしましょう。

44点(1つ4)

① $\dfrac{3}{7} \div \dfrac{2}{3} = \dfrac{3 \times 3}{7 \times 2}$

　　　　$= \dfrac{9}{14}$

分数のわり算では、わる数の逆数をかけるよ。

$\dfrac{b}{a} \div \dfrac{d}{c} = \dfrac{b \times c}{a \times d}$

② $\dfrac{1}{4} \div \dfrac{3}{5}$

③ $\dfrac{2}{3} \div \dfrac{3}{5}$

④ $\dfrac{3}{5} \div \dfrac{7}{4}$

⑤ $\dfrac{1}{5} \div \dfrac{7}{8}$

⑥ $\dfrac{5}{6} \div \dfrac{2}{5}$

⑦ $\dfrac{3}{10} \div \dfrac{5}{7}$

⑧ $\dfrac{6}{7} \div \dfrac{5}{8}$

⑨ $\dfrac{5}{9} \div \dfrac{3}{4}$

⑩ $\dfrac{4}{9} \div \dfrac{3}{7}$

⑪ $\dfrac{5}{8} \div \dfrac{6}{11}$

❷ 次の計算をしましょう。 56点(1つ4)

① $\dfrac{5}{6} \div \dfrac{2}{3} = \dfrac{5 \times \overset{1}{\cancel{3}}}{\underset{2}{\cancel{6}} \times \cancel{2}}$

   $= \dfrac{5}{4} \left(1\dfrac{1}{4} \right)$

② $\dfrac{4}{5} \div \dfrac{8}{9}$

③ $\dfrac{4}{7} \div \dfrac{2}{5}$

④ $\dfrac{7}{9} \div \dfrac{5}{6}$

⑤ $\dfrac{4}{5} \div \dfrac{3}{10}$

⑥ $\dfrac{7}{12} \div \dfrac{3}{4}$

⑦ $\dfrac{3}{4} \div \dfrac{9}{10}$

⑧ $\dfrac{7}{9} \div \dfrac{7}{8}$

⑨ $\dfrac{3}{7} \div \dfrac{6}{7}$

⑩ $\dfrac{3}{8} \div \dfrac{9}{8}$

⑪ $\dfrac{5}{9} \div \dfrac{10}{3}$

⑫ $\dfrac{5}{6} \div \dfrac{10}{9}$

⑬ $\dfrac{8}{9} \div \dfrac{4}{3}$

⑭ $\dfrac{9}{14} \div \dfrac{6}{7}$

分数でわる計算では、わる数の逆数をかける計算になおした後で、分母と分子の間で約分するよ。かけ算の式になおす前に約分してはだめだよ。

16 分数÷分数 ③

| 月 | 日 | 時 | 分～ | 時 | 分 |

名前

点

1 次の計算をしましょう。

50点(1つ5)

① $1\dfrac{1}{2} \div \dfrac{2}{3} = \dfrac{3}{2} \div \dfrac{2}{3}$

$= \dfrac{3 \times 3}{2 \times 2}$

$= \dfrac{9}{4}\left(2\dfrac{1}{4}\right)$

② $\dfrac{4}{7} \div 1\dfrac{2}{7} = \dfrac{4}{7} \div \dfrac{9}{7}$

$= \dfrac{4 \times 7}{7 \times 9}$

$= \dfrac{4}{9}$

帯分数を仮分数になおして
計算するよ。

かけ算の形になおした後、
約分できるかどうか
確認しよう。

③ $2\dfrac{1}{3} \div 1\dfrac{2}{5}$

④ $\dfrac{5}{12} \div 4\dfrac{1}{6} = \dfrac{5}{12} \div \dfrac{25}{6}$

$= \dfrac{\overset{1}{\cancel{5}} \times \overset{1}{\cancel{6}}}{\underset{2}{\cancel{12}} \times \underset{5}{\cancel{25}}}$

$= \dfrac{1}{10}$

⑤ $1\dfrac{2}{3} \div 2\dfrac{1}{7}$

⑥ $1\dfrac{7}{8} \div 3\dfrac{3}{4}$

⑦ $2\dfrac{4}{9} \div 1\dfrac{5}{6}$

⑧ $6\dfrac{2}{3} \div \dfrac{5}{9}$

⑨ $3\dfrac{3}{8} \div 4\dfrac{1}{5}$

⑩ $1\dfrac{1}{8} \div 2\dfrac{1}{4}$

❷ 次の計算をしましょう。 50点(1つ5)

① $6 \div \dfrac{4}{7} = \dfrac{6}{1} \div \dfrac{4}{7}$

$= \dfrac{\overset{3}{6} \times 7}{1 \times \underset{2}{4}}$

$= \dfrac{21}{2} \left(10\dfrac{1}{2} \right)$

整数÷分数、分数÷整数では、整数を分子が1の分数になおして計算できるよ。

② $\dfrac{3}{4} \div 6 = \dfrac{3}{4} \div \dfrac{6}{1}$

$= \dfrac{3 \times \overset{1}{1}}{4 \times \underset{2}{6}}$

$= \dfrac{1}{8}$

③ $8 \div \dfrac{4}{9}$

④ $7 \div \dfrac{2}{3}$

⑤ $6 \div \dfrac{5}{9}$

⑥ $10 \div \dfrac{5}{9}$

⑦ $15 \div \dfrac{10}{11}$

⑧ $\dfrac{7}{8} \div 4$

⑨ $\dfrac{9}{10} \div 6$

⑩ $\dfrac{8}{5} \div 6$

答えの分数の分母が1のときは、整数で答えるよ。

帯分数をふくむわり算では、帯分数を仮分数になおしてから、わる数の逆数をかける形にするよ。整数は分母が1の分数と考えて、計算しよう。

月　日　　時　分〜　時　分

名前

点

1 次の計算をしましょう。　　　　　　　　　　　　　48点(1つ4)

① $\dfrac{2}{3} \div \dfrac{1}{2}$

② $\dfrac{1}{5} \div \dfrac{1}{3}$

③ $\dfrac{3}{4} \div \dfrac{1}{5}$

④ $\dfrac{2}{9} \div \dfrac{1}{4}$

⑤ $\dfrac{2}{7} \div \dfrac{1}{3}$

⑥ $\dfrac{4}{15} \div \dfrac{1}{7}$

⑦ $\dfrac{3}{7} \div \dfrac{1}{2}$

⑧ $\dfrac{3}{8} \div \dfrac{1}{3}$

⑨ $\dfrac{4}{11} \div \dfrac{1}{4}$

⑩ $2 \div \dfrac{1}{9}$

⑪ $8 \div \dfrac{1}{6}$

⑫ $7 \div \dfrac{1}{10}$

答えの分数の分母が１になったら、
整数で答えるよ。

❷ 次の計算をしましょう。

① $\dfrac{2}{3} \div \dfrac{5}{7}$

② $\dfrac{3}{5} \div \dfrac{5}{6}$

③ $\dfrac{8}{7} \div \dfrac{5}{8}$

④ $\dfrac{7}{9} \div \dfrac{4}{5}$

⑤ $\dfrac{5}{9} \div \dfrac{3}{10}$

⑥ $\dfrac{2}{9} \div \dfrac{5}{7}$

⑦ $\dfrac{3}{2} \div \dfrac{8}{9}$

⑧ $\dfrac{5}{8} \div \dfrac{2}{3}$

⑨ $\dfrac{5}{6} \div \dfrac{6}{7}$

⑩ $\dfrac{5}{4} \div \dfrac{2}{5}$

⑪ $\dfrac{4}{5} \div \dfrac{5}{7}$

⑫ $\dfrac{8}{11} \div \dfrac{9}{10}$

⑬ $\dfrac{5}{8} \div \dfrac{4}{7}$

分数でわる計算は、わる分数の分母と分子を入れかえた逆数をかける計算になおそう。

月　日　　時　分～　時　分

名前

点

1 次の計算をしましょう。　　　　　　　　　　　52点(1つ4)

① $\dfrac{3}{4} \div \dfrac{5}{6}$　　　　　　② $\dfrac{1}{3} \div \dfrac{2}{9}$

③ $\dfrac{2}{5} \div \dfrac{6}{7}$　　　　　　④ $\dfrac{5}{8} \div \dfrac{5}{7}$

⑤ $\dfrac{8}{9} \div \dfrac{4}{5}$　　　　　　⑥ $\dfrac{1}{10} \div \dfrac{3}{8}$

⑦ $\dfrac{4}{9} \div \dfrac{2}{3}$　　　　　　⑧ $\dfrac{3}{8} \div \dfrac{9}{10}$

⑨ $\dfrac{7}{9} \div \dfrac{7}{6}$　　　　　　⑩ $\dfrac{5}{9} \div \dfrac{10}{11}$

⑪ $\dfrac{8}{7} \div \dfrac{6}{7}$　　　　　　⑫ $\dfrac{9}{10} \div \dfrac{3}{5}$

⑬ $\dfrac{5}{4} \div \dfrac{5}{8}$

① $4 \div \dfrac{3}{5}$

② $6 \div \dfrac{3}{8}$

③ $\dfrac{9}{5} \div 6$

④ $2\dfrac{4}{7} \div 9$

⑤ $1\dfrac{3}{8} \div \dfrac{4}{5}$

⑥ $\dfrac{5}{7} \div 1\dfrac{2}{5}$

⑦ $4\dfrac{1}{2} \div \dfrac{3}{5}$

⑧ $3\dfrac{1}{3} \div \dfrac{5}{9}$

⑨ $\dfrac{5}{7} \div 2\dfrac{1}{7}$

⑩ $4\dfrac{3}{8} \div 3\dfrac{1}{3}$

⑪ $3\dfrac{1}{8} \div 3\dfrac{3}{4}$

⑫ $2\dfrac{4}{5} \div 2\dfrac{1}{10}$

帯分数をふくむわり算では、まず帯分数を仮分数になおすよ。それから、わる数の逆数をかける形にして計算するよ。

月　日　　時　分〜　時　分

名前

点

❶ 次の計算をしましょう。

55点(1つ5)

① $\dfrac{1}{9} \times \dfrac{5}{7} \div \dfrac{5}{9} = \dfrac{1 \times 5 \times 9}{9 \times 7 \times 5}$

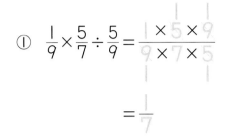

$= \dfrac{1}{7}$

かけ算とわり算の混じった
計算では、わり算をかけ算
になおして、1つの分数の形
にまとめるよ。

② $\dfrac{1}{4} \div \dfrac{5}{8} \times \dfrac{2}{3}$

③ $\dfrac{2}{5} \div \dfrac{8}{9} \times \dfrac{1}{3}$

④ $\dfrac{2}{7} \div \dfrac{5}{6} \div \dfrac{9}{10}$

⑤ $\dfrac{5}{6} \div \dfrac{7}{8} \div \dfrac{5}{7}$

⑥ $\dfrac{3}{5} \times \dfrac{5}{9} \div 4$

⑦ $\dfrac{5}{8} \div 6 \times \dfrac{3}{10}$

⑧ $\dfrac{4}{9} \div \dfrac{8}{5} \div \dfrac{5}{6}$

⑨ $\dfrac{8}{3} \times \dfrac{5}{6} \div \dfrac{5}{9}$

⑩ $\dfrac{5}{7} \div \dfrac{5}{14} \div 6$

⑪ $\dfrac{20}{3} \div \dfrac{1}{9} \div 10$

2 次の計算をしましょう。

① $0.3 \div \dfrac{4}{5} \times \dfrac{1}{3} = \dfrac{3}{10} \div \dfrac{4}{5} \times \dfrac{1}{3}$

$$= \dfrac{3 \times 5 \times 1}{10 \times 4 \times 3}$$

$$= \dfrac{1}{8}$$

小数や整数は分数で表すよ。とちゅうで約分すると計算が簡単になるよ。

② $\dfrac{6}{7} \div \dfrac{3}{5} \times 0.2$

③ $\dfrac{7}{8} \times \dfrac{8}{9} \div 0.7$

④ $0.5 \div \dfrac{3}{4} \div \dfrac{5}{6}$

⑤ $1.5 \times \dfrac{1}{7} \div 0.6$

⑥ $\dfrac{1}{10} \times 5 \div 2.5$

⑦ $7 \div 1.4 \times 0.4$

⑧ $1.2 \div 8 \div 0.25$

⑨ $12 \div 15 \times 10$

かけ算とわり算の混じった計算では、逆数を使ってかけ算の式にまとめよう。
小数や整数は分数で表すよ。

20 まとめのテスト

1 次の計算をしましょう。　　　　　　　　　　　　　　　33点(1つ3)

① $\dfrac{2}{3} \times \dfrac{2}{5}$　　　　　　　　② $\dfrac{3}{7} \times \dfrac{5}{4}$

③ $\dfrac{2}{7} \times \dfrac{7}{5}$　　　　　　　　④ $\dfrac{3}{8} \times \dfrac{2}{9}$

⑤ $\dfrac{3}{5} \times \dfrac{10}{9}$　　　　　　　⑥ $4 \times \dfrac{2}{7}$

⑦ $2 \times \dfrac{3}{10}$　　　　　　　⑧ $\dfrac{5}{4} \times 8$

⑨ $2\dfrac{1}{3} \times \dfrac{1}{4}$　　　　　　　⑩ $3\dfrac{1}{4} \times 1\dfrac{1}{9}$

⑪ $1\dfrac{3}{7} \times 2\dfrac{4}{5}$

2 次の計算をしましょう。　　　　　　　　　　　　　　　12点(1つ3)

① $\dfrac{3}{7} \times \dfrac{1}{4} \times \dfrac{2}{5}$　　　　　　② $\dfrac{5}{6} \times \dfrac{4}{7} \times \dfrac{9}{10}$

③ $1\dfrac{1}{2} \times \dfrac{4}{5} \times \dfrac{1}{6}$　　　　　④ $\dfrac{1}{8} \times 1\dfrac{1}{3} \times 2\dfrac{2}{5}$

3 次の数の逆数をかきましょう。　　　　　　　　　　　　　　　9点(1つ3)

① $\dfrac{3}{7}$　　　　　　② 9　　　　　　　　③ 0.45

4 次の計算をしましょう。　　　　　　　　　　　　　　　　30点(1つ3)

① $\dfrac{3}{5} \div \dfrac{1}{2}$　　　　　　　　　② $\dfrac{5}{6} \div \dfrac{4}{3}$

③ $\dfrac{10}{11} \div \dfrac{5}{8}$　　　　　　　　④ $\dfrac{14}{9} \div \dfrac{7}{12}$

⑤ $2 \div \dfrac{4}{7}$　　　　　　　　　⑥ $\dfrac{9}{8} \div 3$

⑦ $1\dfrac{3}{5} \div \dfrac{6}{7}$　　　　　　　　⑧ $\dfrac{3}{4} \div 4\dfrac{1}{5}$

⑨ $2\dfrac{1}{3} \div \dfrac{7}{12}$　　　　　　　⑩ $3\dfrac{1}{3} \div 2\dfrac{2}{9}$

5 次の計算をしましょう。　　　　　　　　　　　　　　　　16点(1つ4)

① $\dfrac{7}{8} \div \dfrac{5}{9} \times \dfrac{5}{14}$　　　　　　② $\dfrac{9}{16} \div \dfrac{3}{8} \div 6$

③ $0.7 \times \dfrac{20}{21} \div \dfrac{3}{4}$　　　　　④ $0.5 \div 1.25 \div 9$

1 次の計算をしましょう。　　　　　　　　　　　　48点(1つ2)

① $\dfrac{6}{7} \times \dfrac{2}{5}$　　　　② $\dfrac{5}{4} \times \dfrac{5}{3}$　　　　③ $\dfrac{2}{9} \times \dfrac{5}{6}$

④ $\dfrac{4}{5} \times \dfrac{7}{12}$　　　　⑤ $\dfrac{5}{6} \times \dfrac{4}{15}$　　　　⑥ $\dfrac{8}{11} \times \dfrac{11}{8}$

⑦ $\dfrac{5}{14} \times \dfrac{7}{10}$　　　　⑧ $\dfrac{8}{9} \times \dfrac{3}{16}$　　　　⑨ $\dfrac{12}{25} \times \dfrac{15}{8}$

⑩ $7 \times \dfrac{2}{5}$　　　　⑪ $8 \times \dfrac{9}{10}$　　　　⑫ $\dfrac{5}{12} \times 8$

⑬ $\dfrac{3}{10} \times 1\dfrac{2}{3}$　　　　⑭ $\dfrac{3}{7} \times 2\dfrac{1}{3}$　　　　⑮ $6 \times 2\dfrac{1}{8}$

⑯ $1\dfrac{3}{5} \times 2\dfrac{1}{4}$　　　　⑰ $2\dfrac{2}{3} \times 2\dfrac{1}{6}$　　　　⑱ $3\dfrac{1}{7} \times 1\dfrac{3}{11}$

⑲ $\dfrac{2}{3} \times \dfrac{1}{4} \times \dfrac{5}{7}$　　　　⑳ $\dfrac{3}{8} \times \dfrac{5}{6} \times \dfrac{3}{10}$　　　　㉑ $\dfrac{5}{6} \times \dfrac{3}{7} \times \dfrac{7}{10}$

㉒ $\dfrac{3}{8} \times 1\dfrac{3}{5} \times \dfrac{1}{6}$　　　　㉓ $\dfrac{5}{9} \times 2\dfrac{2}{5} \times \dfrac{2}{3}$　　　　㉔ $1\dfrac{5}{6} \times \dfrac{6}{7} \times 1\dfrac{3}{11}$

2 次の数の逆数をかきましょう。　　　　　　　　　　　　　　　　4点(1つ1)

① $\dfrac{3}{5}$　　　　② $\dfrac{11}{7}$　　　　③ 8　　　　④ 1.2

3 次の計算をしましょう。　　　　　　　　　　　　　　　　　48点(1つ2)

① $\dfrac{4}{7} \div \dfrac{3}{5}$　　　　② $\dfrac{9}{10} \div \dfrac{4}{7}$　　　　③ $\dfrac{5}{8} \div \dfrac{3}{4}$

④ $\dfrac{4}{5} \div \dfrac{9}{10}$　　　　⑤ $\dfrac{7}{9} \div \dfrac{5}{12}$　　　　⑥ $\dfrac{7}{12} \div \dfrac{4}{15}$

⑦ $\dfrac{3}{2} \div \dfrac{15}{8}$　　　　⑧ $\dfrac{3}{4} \div \dfrac{3}{8}$　　　　⑨ $\dfrac{3}{16} \div \dfrac{21}{10}$

⑩ $14 \div \dfrac{2}{3}$　　　　⑪ $9 \div \dfrac{6}{5}$　　　　⑫ $\dfrac{2}{9} \div 4$

⑬ $1\dfrac{2}{5} \div \dfrac{5}{6}$　　　　⑭ $\dfrac{2}{3} \div 4\dfrac{1}{6}$　　　　⑮ $1\dfrac{5}{6} \div 2\dfrac{1}{3}$

⑯ $2\dfrac{1}{4} \div \dfrac{3}{8}$　　　　⑰ $3\dfrac{3}{4} \div 1\dfrac{3}{7}$　　　　⑱ $2\dfrac{1}{6} \div 1\dfrac{5}{8}$

⑲ $\dfrac{1}{8} \times \dfrac{7}{11} \div \dfrac{7}{8}$　　　　⑳ $\dfrac{7}{6} \div \dfrac{14}{9} \times \dfrac{2}{3}$　　　　㉑ $\dfrac{3}{4} \div \dfrac{9}{16} \div 8$

㉒ $\dfrac{3}{8} \div \dfrac{5}{6} \div 0.3$　　　　㉓ $2.1 \div 8 \times \dfrac{6}{7}$　　　　㉔ $3.2 \times 0.75 \div \dfrac{4}{5}$

月　日　　時　分〜　時　分

名前

点

❶ 次の筆算をしましょう。　　　　　　　　　　　　　　　24点(1つ2)

① 　43
　＋75

② 　72
　＋84

③ 　96
　＋51

④ 　60
　＋88

⑤ 　97
　＋10

⑥ 　47
　＋62

⑦ 　47
　＋84

⑧ 　34
　＋96

⑨ 　76
　＋25

⑩ 　63
　＋37

⑪ 　99
　＋ 8

⑫ 　 7
　＋98

❷ 次の筆算をしましょう。　　　　　　　　　　　　　　　24点(1つ2)

① 　146
　－ 83

② 　129
　－ 54

③ 　175
　－ 91

④ 　117
　－ 82

⑤ 　107
　－ 86

⑥ 　102
　－ 42

⑦ 　124
　－ 78

⑧ 　165
　－ 97

⑨ 　140
　－ 42

⑩ 　103
　－ 47

⑪ 　100
　－ 27

⑫ 　100
　－ 4

❸ 次の筆算をしましょう。 24点(1つ2)

① 　143
　　+352

② 　467
　　+321

③ 　546
　　+238

④ 　632
　　+185

⑤ 　440
　　+390

⑥ 　564
　　+278

⑦ 　358
　　+269

⑧ 　396
　　+505

⑨ 　384
　　+　83

⑩ 　764
　　+587

⑪ 　356
　　+764

⑫ 　907
　　+　98

❹ 次の筆算をしましょう。 28点(1つ2)

① 　484
　　−256

② 　867
　　−518

③ 　661
　　−129

④ 　765
　　−374

⑤ 　367
　　−192

⑥ 　546
　　−266

⑦ 　608
　　−342

⑧ 　406
　　−158

⑨ 　722
　　−466

⑩ 　937
　　−549

⑪ 　480
　　−186

⑫ 　403
　　−179

⑬ 　700
　　−288

⑭ 　600
　　−　81

ひき算では、
くり下がりに注意しよう。

整数のたし算では、くり上がりに注意しよう。くり上げた１も必ずたしてね。
整数のひき算では、くり下がりに注意するよ。くり下げた位の数は１へるよ。

❶ 次の筆算をしましょう。　　　　　　　　　　　　　48点(1つ2)

① 　3246
　+2617

② 　6143
　+3228

③ 　1548
　+7237

④ 　4465
　+2278

⑤ 　2354
　+3269

⑥ 　8677
　+1268

⑦ 　6154
　+2348

⑧ 　3456
　+2169

⑨ 　5327
　+1845

⑩ 　2468
　+5629

⑪ 　5734
　+3097

⑫ 　8265
　+1549

⑬ 　1438
　+5262

⑭ 　4381
　+3624

⑮ 　2413
　+6587

⑯ 　3465
　+2847

⑰ 　5273
　+3858

⑱ 　7136
　+1864

⑲ 　3468
　+2612

⑳ 　3748
　+　652

㉑ 　8366
　+　944

㉒ 　6427
　+　794

㉓ 　4758
　+　　98

㉔ 　9763
　+　　89

② 次の筆算をしましょう。　　　　　　　　　　　　　　　　52点(1つ2)

① 　6437
　−2365

② 　7764
　−4381

③ 　5368
　−2349

④ 　4354
　−1736

⑤ 　7645
　−3819

⑥ 　5473
　−3186

⑦ 　8367
　−4289

⑧ 　4736
　−2854

⑨ 　6248
　−3571

⑩ 　6354
　−2478

⑪ 　7753
　−3864

⑫ 　6666
　−4777

⑬ 　5326
　−3452

⑭ 　6115
　−3998

⑮ 　7683
　−4888

⑯ 　3008
　−1253

⑰ 　6050
　−4381

⑱ 　4600
　−1733

⑲ 　5030
　−2064

⑳ 　4623
　− 861

㉑ 　7345
　− 857

㉒ 　3250
　−　96

㉓ 　4108
　−　79

㉔ 　7000
　− 324

㉕ 　8000
　−　11

㉖ 　9000
　−　7

46

24 6年間の計算の復習 ③
かけ算の筆算

❶ 次の筆算をしましょう。　　　　　　　　　　　　　　　　16点(1つ2)

①
```
  1 3
×   5
```

②
```
  4 2
×   3
```

③
```
  7 4
×   8
```

④
```
  3 5
×   6
```

⑤
```
  4 1 9
×     2
```

⑥
```
  3 4 7
×     4
```

⑦
```
  5 9 8
×     7
```

⑧
```
  6 0 7
×     6
```

❷ 次の筆算をしましょう。　　　　　　　　　　　　　　　　27点(1つ3)

①
```
  2 3
× 4 2
```

②
```
  6 2
× 3 8
```

③
```
  9 3
× 4 6
```

④
```
  8 7
× 7 0
```

⑤
```
  2 1 3
×   3 4
```

⑥
```
  4 9 3
×   6 7
```

⑦
```
  9 4 6
×   5 4
```

⑧
```
  3 7 1
×   6 0
```

⑨
```
  8 0 4
×   4 5
```

3 次の筆算をしましょう。 12点（1つ2）

①
$$\begin{array}{r} 24 \\ \times\ \ 6 \\ \hline \end{array}$$

②
$$\begin{array}{r} 68 \\ \times\ \ 5 \\ \hline \end{array}$$

③
$$\begin{array}{r} 57 \\ \times\ \ 9 \\ \hline \end{array}$$

④
$$\begin{array}{r} 654 \\ \times\ \ \ 3 \\ \hline \end{array}$$

⑤
$$\begin{array}{r} 458 \\ \times\ \ \ 8 \\ \hline \end{array}$$

⑥
$$\begin{array}{r} 902 \\ \times\ \ \ 5 \\ \hline \end{array}$$

4 次の筆算をしましょう。 45点（1つ3）

①
$$\begin{array}{r} 15 \\ \times 32 \\ \hline \end{array}$$

②
$$\begin{array}{r} 34 \\ \times 27 \\ \hline \end{array}$$

③
$$\begin{array}{r} 37 \\ \times 36 \\ \hline \end{array}$$

④
$$\begin{array}{r} 56 \\ \times 73 \\ \hline \end{array}$$

⑤
$$\begin{array}{r} 64 \\ \times 89 \\ \hline \end{array}$$

⑥
$$\begin{array}{r} 38 \\ \times 60 \\ \hline \end{array}$$

⑦
$$\begin{array}{r} 95 \\ \times 48 \\ \hline \end{array}$$

⑧
$$\begin{array}{r} 142 \\ \times\ \ 26 \\ \hline \end{array}$$

⑨
$$\begin{array}{r} 137 \\ \times\ \ 58 \\ \hline \end{array}$$

⑩
$$\begin{array}{r} 225 \\ \times\ \ 54 \\ \hline \end{array}$$

⑪
$$\begin{array}{r} 453 \\ \times\ \ 65 \\ \hline \end{array}$$

⑫
$$\begin{array}{r} 869 \\ \times\ \ 76 \\ \hline \end{array}$$

⑬
$$\begin{array}{r} 560 \\ \times\ \ 79 \\ \hline \end{array}$$

⑭
$$\begin{array}{r} 605 \\ \times\ \ 54 \\ \hline \end{array}$$

⑮
$$\begin{array}{r} 700 \\ \times\ \ 87 \\ \hline \end{array}$$

かける数の位が十の位のときは、積は十の位からかいていくよ。

月　日　　時　分〜　時　分

名前

点

① 次の計算をしましょう。商は整数で求め、余りも出しましょう。　　48点(1つ4)

① 5$\overline{)985}$

② 3$\overline{)801}$

③ 4$\overline{)653}$

④ 6$\overline{)897}$

⑤ 3$\overline{)784}$

⑥ 7$\overline{)252}$

⑦ 9$\overline{)783}$

⑧ 4$\overline{)304}$

⑨ 8$\overline{)657}$

⑩ 6$\overline{)275}$

⑪ 7$\overline{)607}$

⑫ 9$\overline{)889}$

❷ 次の計算をしましょう。商は整数で求め、余りも出しましょう。　　

① $78 \overline{)312}$

② $19 \overline{)513}$

③ $25 \overline{)815}$

④ $27 \overline{)840}$

⑤ $16 \overline{)644}$

⑥ $36 \overline{)8964}$

⑦ $37 \overline{)7336}$

⑧ $34 \overline{)2346}$

⑨ $65 \overline{)4875}$

⑩ $67 \overline{)3099}$

⑪ $124 \overline{)2108}$

⑫ $325 \overline{)9425}$

⑬ $237 \overline{)8067}$

余りはわる数よりも小さく
なることに注意しよう。

　見当をつけた商が大きすぎたときは商を1ずつへらすよ。余りは、わる数より
小さくなるよ。

月　日　　時　分〜　時　分

名前

点

❶ 次の筆算をしましょう。　　　　　　　　　　　　　　　30点(1つ5)

①　　　 2 3 4
　　　 × 3 5 1

②　　　 6 3 7
　　　 × 3 6 2

③　　　 5 5 8
　　　 × 4 9 5

④　　　　 6 9
　　　 × 2 8 6

⑤　　　 4 0 9
　　　 × 3 4 5

⑥　　　 3 0 8
　　　 × 7 0 4

❷ 次の計算を筆算でくふうしてしましょう。　　　　　　16点(1つ4)

①　2600×340

```
    2 6 0 0  ←  終わりの0が2個
  ×  3 4 0  ←  終わりの0が1個
    1 0 4    ←  0を省いて計算
  7 8
  8 8 4 0 0 0  ← 積の右に0を(2＋1)個
              つける。
```

②　160×4200

③　3800×450

④　370×6400

❸ 32×27＝864 を使って、答えを求めましょう。　　　6点(1つ2)

①　3200×2700

②　32万×27万

③　32億×27万

51

④ 10倍、100倍、1000倍の数をかきましょう。　　　　　　　　18点(1つ2)

① 6.13

10倍	100倍	1000倍

② 0.7

10倍	100倍	1000倍

③ 0.038

10倍	100倍	1000倍

⑤ $\frac{1}{10}$、$\frac{1}{100}$、$\frac{1}{1000}$の数をかきましょう。　　　　　　　　18点(1つ2)

① 326.7

$\frac{1}{10}$	$\frac{1}{100}$	$\frac{1}{1000}$

② 50.3

$\frac{1}{10}$	$\frac{1}{100}$	$\frac{1}{1000}$

③ 40

$\frac{1}{10}$	$\frac{1}{100}$	$\frac{1}{1000}$

⑥ 次の計算をしましょう。　　　　　　　　12点(1つ2)

① 0.56×10　　② 28.9×100　　③ 0.904×1000

④ $0.54 \div 10$　　⑤ $9.3 \div 100$　　⑥ $4.16 \div 1000$

数を 10倍、100倍、1000倍すると、小数点の位置が右に 1つ、2つ、3つ移動し、$\frac{1}{10}$、$\frac{1}{100}$、$\frac{1}{1000}$にすると、小数点の位置が左に 1つ、2つ、3つ移動するよ。

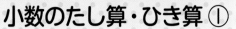

月　日　　時　分〜　時　分

名前

点

① 次の計算を暗算でしましょう。　　　　　　　　10点（1つ2）

① 0.5＋0.2

② 0.6＋0.4

③ 0.9＋0.7

④ 2.2＋0.8

⑤ 8.3＋0.7

② 次の計算をしましょう。　　　　　　　　　　36点（1つ3）

①　　3.2
　　＋2.5

②　　4.1
　　＋3.7

③　　5.7
　　＋2.9

④　　4.5
　　＋3.8

⑤　　1.6
　　＋6.9

⑥　　2.4
　　＋3.6

⑦　　3
　　＋5.7

⑧　　6.4
　　＋7

⑨　　9.5
　　＋8

⑩　　6.6
　　＋3.8

⑪　　4.7
　　＋5.3

⑫　　1.4
　　＋8.6

③ 次の計算を暗算でしましょう。　　　　　　　　　　　　　12点（1つ2）

① 0.7−0.4

② 1−0.5

③ 1.3−0.7

④ 1.6−0.9

⑤ 6−0.6

⑥ 4−0.3

④ 次の計算をしましょう。　　　　　　　　　　　　　　　42点（1つ3）

①
```
  6.8
− 2.5
```

②
```
  9.7
− 4.4
```

③
```
  8.7
− 4.8
```

④
```
  8.3
− 4.7
```

⑤
```
  7.2
− 3.4
```

⑥
```
  7
− 2.6
```

⑦
```
  3
− 2.8
```

⑧
```
  5.4
− 1.4
```

⑨
```
  2.6
− 1.8
```

⑩
```
  5.4
− 4.9
```

⑪
```
  9.3
− 8.5
```

⑫
```
  9
− 8.1
```

⑬
```
  10.6
−  9.9
```

⑭
```
  11.4
−  9.7
```

小数のひき算では、
上の小数点の位置に
そろえて差の小数点
をうつよ。

👑 小数のたし算・ひき算の筆算では、小数点の位置がたてにそろうようにかこう。
同じ位に数字がないときは、そこには 0 があると考えて計算するよ。

6年間の計算の復習 ⑦
小数のたし算・ひき算 ②

1 次の計算をしましょう。　　　　　　　　　　　　　　　　48点(1つ2)

①
$$\begin{array}{r} 2.43 \\ +3.35 \\ \hline \end{array}$$

②
$$\begin{array}{r} 5.62 \\ +1.34 \\ \hline \end{array}$$

③
$$\begin{array}{r} 4.27 \\ +3.42 \\ \hline \end{array}$$

④
$$\begin{array}{r} 7.28 \\ +1.65 \\ \hline \end{array}$$

⑤
$$\begin{array}{r} 4.16 \\ +2.86 \\ \hline \end{array}$$

⑥
$$\begin{array}{r} 3.74 \\ +2.69 \\ \hline \end{array}$$

⑦
$$\begin{array}{r} 3.09 \\ +6.08 \\ \hline \end{array}$$

⑧
$$\begin{array}{r} 7.03 \\ +3.05 \\ \hline \end{array}$$

⑨
$$\begin{array}{r} 3.07 \\ +0.99 \\ \hline \end{array}$$

⑩
$$\begin{array}{r} 2.74 \\ +0.98 \\ \hline \end{array}$$

⑪
$$\begin{array}{r} 1.08 \\ +0.89 \\ \hline \end{array}$$

⑫
$$\begin{array}{r} 7 \\ +4.38 \\ \hline \end{array}$$

⑬
$$\begin{array}{r} 6.28 \\ +4 \\ \hline \end{array}$$

⑭
$$\begin{array}{r} 2.4 \\ +9.61 \\ \hline \end{array}$$

⑮
$$\begin{array}{r} 7.46 \\ +6.7 \\ \hline \end{array}$$

⑯
$$\begin{array}{r} 0.65 \\ +4.78 \\ \hline \end{array}$$

⑰
$$\begin{array}{r} 3.43 \\ +3.27 \\ \hline \end{array}$$

⑱
$$\begin{array}{r} 1.65 \\ +4.75 \\ \hline \end{array}$$

⑲
$$\begin{array}{r} 2.38 \\ +5.22 \\ \hline \end{array}$$

⑳
$$\begin{array}{r} 6.27 \\ +1.73 \\ \hline \end{array}$$

㉑
$$\begin{array}{r} 3.45 \\ +4.55 \\ \hline \end{array}$$

㉒
$$\begin{array}{r} 7.36 \\ +2.64 \\ \hline \end{array}$$

㉓
$$\begin{array}{r} 3.19 \\ +6.81 \\ \hline \end{array}$$

㉔
$$\begin{array}{r} 0.83 \\ +4.17 \\ \hline \end{array}$$

❷ 次の計算をしましょう。

① 　　6.5 7
　　− 3.3 2

② 　　9.8 6
　　− 7.3 5

③ 　　6.4 3
　　− 2.2 8

④ 　　9.6 7
　　− 3.4 8

⑤ 　　6.3 2
　　− 3.2 7

⑥ 　　8.5 4
　　− 2.4 9

⑦ 　　5.8 4
　　− 2.7 9

⑧ 　　7.8 4
　　− 3.9 4

⑨ 　　3.0 8
　　− 0.8 9

⑩ 　　4.0 6
　　− 0.9 8

⑪ 　　5.0 7
　　− 0.7 9

⑫ 　　2.7 1
　　− 1.8 3

⑬ 　　5.2 6
　　− 4.4 3

⑭ 　　8.1 8
　　− 7.3 9

⑮ 　　4.7 1
　　− 3.8 6

⑯ 　　3.6 5
　　− 2.6 8

⑰ 　　1.3 5
　　− 0.7 7

⑱ 　　8.2 5
　　− 4.3

⑲ 　　6.3 7
　　− 2.6

⑳ 　　7.1
　　− 2.7 6

㉑ 　　6.3
　　− 1.2 9

㉒ 　　6.3 8
　　− 4.3

㉓ 　　4.6 7
　　− 0.6

㉔ 　　8
　　− 3.7 6

㉕ 　　5
　　− 1.6 2

㉖ 　　3
　　− 2.9 3

小数のたし算・ひき算では、答えのかき方に注意しよう。小数の終わりの０は省略
してかかないよ。小数点の前の０は必ずかくよ。

1 次の計算を暗算でしましょう。　　　　　16点(1つ2)

① 0.3×2

② 0.5×9

③ 0.6×5

④ 0.5×8

⑤ 0.7×10

⑥ 0.09×7

⑦ 0.05×4

⑧ 0.08×10

2 次の計算をしましょう。　　　　　33点(1つ3)

①
```
   2.7
×    3
```

②
```
   4.9
×    6
```

③
```
   5.7
×    8
```

④
```
  0.6 4
×     4
```

⑤
```
  0.8 9
×     7
```

⑥
```
  1 2.6
×     6
```

⑦
```
  2 3.3
×     4
```

⑧
```
  1 0.6
×     8
```

⑨
```
  2.7 3
×     3
```

⑩
```
  1.6 4
×     5
```

⑪
```
  1.2 5
×     6
```

❸ 次の計算をしましょう。　　　　　　　　　　　　　　　51点(1つ3)

① 　3.4
　×23

② 　6.8
　×37

③ 　7.8
　×46

④ 　4.5
　×24

⑤ 　3.8
　×45

⑥ 　0.34
　×　28

⑦ 　0.73
　×　45

⑧ 　0.67
　×　35

⑨ 　0.19
　×　68

⑩ 　0.26
　×　26

⑪ 　7.6
　×23

⑫ 　1.34
　×　48

⑬ 　2.31
　×　43

⑭ 　0.75
　×　80

⑮ 　0.45
　×　60

⑯ 　3.16
　×　40

⑰ 　2.57
　×　70

積が小数のときは、
終わりの数字の0は
かかないよ。

小数×整数の計算では、整数×整数と同じようにかけ算をしてから、かけられる数
の小数点にそろえて、積の小数点をうつよ。

58

月　日　時　分〜　時　分

名前

点

① 次の計算を暗算でしましょう。　　　　　　　10点(1つ2)

① 0.3×0.2

② 0.6×0.9

③ 0.5×0.6

④ 1.7×0.4

⑤ 0.4×0.06

② 次の計算をしましょう。　　　　　　　　　36点(1つ3)

①　　2.3
　　×0.4

②　　3.2
　　×2.4

③　　5.6
　　×4.7

④　　1.9
　　×8.6

⑤　　6.5
　　×8.7

⑥　　7.6
　　×7.4

⑦　　0.5 3
　　×　7.1

⑧　　0.6 9
　　×　4.8

⑨　　0.4 8
　　×　9.2

⑩　　6.7
　　×0.8 4

⑪　　9.3
　　×0.3 4

⑫　　7.6
　　×0.8 7

3 次の計算をしましょう。

①
```
     5.4
×  0.4 5
```

②
```
     7.2
×  0.6 5
```

③
```
   0.8 5
×    4.6
```

④
```
   0.7 8
×    4.5
```

⑤
```
   0.0 6
×    3.5
```

⑥
```
   0.0 5
×    6.4
```

⑦
```
   0.2 6
×  0.1 8
```

⑧
```
   0.3 7
×  0.2 5
```

⑨
```
   0.5 8
×  0.6 3
```

⑩
```
   0.3 6
×  0.8 1
```

⑪
```
   0.2 6
×  0.0 3
```

⑫
```
   0.0 6
×  0.1 4
```

⑬
```
     8.4
×  2.7 4
```

⑭
```
     4.3
×  4.0 7
```

⑮
```
     6.2
×  5.0 4
```

⑯
```
     0.8
×  1.9 3
```

⑰
```
     0.7
×  2.3 5
```

⑱
```
   0.0 8
×  3.6 4
```

小数×小数の計算では、積の小数点の位置に注意しよう。かけられる数とかける数の小数部分のけた数の和が、積の小数点から下のけた数になるよ。

31 6年間の計算の復習 ⑩ 小数のわり算 ①

月　日　時　分〜　時　分

名前

点

❶ 次の計算をしましょう。　　　　　　　　　　　　24点(1つ4)

①
$$3\overline{)8.4}$$

②
$$7\overline{)44.8}$$

③
$$6\overline{)4.68}$$

④
$$9\overline{)5.13}$$

⑤
$$5\overline{)0.95}$$

⑥
$$8\overline{)0.672}$$

❷ 次の計算をしましょう。　　　　　　　　　　　　24点(1つ4)

①
$$24\overline{)88.8}$$

②
$$19\overline{)70.3}$$

③
$$53\overline{)95.4}$$

④
$$47\overline{)37.6}$$

⑤
$$35\overline{)24.5}$$

⑥
$$79\overline{)4.74}$$

61

3 次の計算を、わり切れるまでしましょう。　　　　　　　　　　32点（1つ4）

① $4\overline{)3.4}$　　　　② $4\overline{)70}$　　　　③ $12\overline{)4.2}$

④ $8\overline{)6.6}$　　　　⑤ $25\overline{)33.5}$　　　　⑥ $68\overline{)1.7}$

⑦ $32\overline{)12}$　　　　⑧ $16\overline{)14}$

わり進んでいく筆算では、0をつけたして計算を続けていくよ。

4 次の計算をして、商を四捨五入で $\dfrac{1}{10}$ の位までの概数で表しましょう。また、上から1けたの概数で表しましょう。　　　　　　　　20点（完答で1つ5）

① $7\overline{)18}$　　　　　　　　　　② $17\overline{)43}$

$\dfrac{1}{10}$ の位（　　　　　）　　　　　　$\dfrac{1}{10}$ の位（　　　　　）

上から1けた（　　　　　）　　　　　　上から1けた（　　　　　）

③ $39\overline{)21.6}$　　　　　　　　④ $23\overline{)4.81}$

$\dfrac{1}{10}$ の位（　　　　　）　　　　　　$\dfrac{1}{10}$ の位（　　　　　）

上から1けた（　　　　　）　　　　　　上から1けた（　　　　　）

小数÷整数の計算では、（小数の終わりに0があると考えながら）整数÷整数と同じように計算するよ。商の小数点の位置は、わられる小数の小数点の位置と同じになるよ。

32 6年間の計算の復習 ⑪
小数のわり算 ②

| 月 日 | 時 分～ 時 分 |

名前

点

1 次の計算をしましょう。

44点(1つ4)

① 2.3) 6.2 1

② 1.6) 9.4 4

③ 6.8) 3 6.0 4

④ 4.3) 3 2.2 5

⑤ 3.7) 1 8.1 3

⑥ 0.0 8) 7.8 4

⑦ 0.7) 2 3.8

⑧ 0.3 6) 6.1 2

⑨ 1.2) 9 0

⑩ 0.2 8) 6 4.4

⑪ 0.2 5) 1 2

商の小数点は、
わられる数の移した
小数点にそろえて
うつよ。

② 次の計算を、わり切れるまでしましょう。 36点（1つ4）

①
$$7.5 \overline{)3.6}$$

②
$$6.4 \overline{)4.8}$$

③
$$5.6 \overline{)3.6\,4}$$

④
$$2.6 \overline{)2.4\,7}$$

⑤
$$3.8 \overline{)3.6\,1}$$

⑥
$$3.2 \overline{)8\,8}$$

⑦
$$1.6 \overline{)6\,8}$$

⑧
$$2.6\,4 \overline{)6.6}$$

⑨
$$1.7\,5 \overline{)8.4}$$

③ 次の計算をして、商を四捨五入で $\frac{1}{10}$ の位までの概数で表しましょう。 20点（1つ4）

①
$$0.7 \overline{)5\,9}$$

②
$$1.3 \overline{)4}$$

③
$$0.2\,7 \overline{)8}$$

(　　　)　　　　(　　　)　　　　(　　　)

④
$$2.3 \overline{)8.6\,7}$$

⑤
$$3.4 \overline{)8.4}$$

$\frac{1}{10}$ の位までの概数で表すときは、$\frac{1}{100}$ の位を四捨五入するよ。

(　　　)　　　　(　　　)

小数÷小数の計算では、わる数が整数になるまで、わる数とわられる数の小数点の位置を右に移すよ。商の小数点の位置は、わられる数の移した小数点の位置にそろえてね。

❶ 次の計算をしましょう。　　　　　　　　　　　　　　48点(1つ2)

① $\frac{1}{3} + \frac{1}{3}$　　　　② $\frac{2}{5} + \frac{2}{5}$　　　　③ $\frac{2}{7} + \frac{3}{7}$

④ $\frac{5}{7} + \frac{1}{7}$　　　　⑤ $\frac{1}{9} + \frac{7}{9}$　　　　⑥ $\frac{3}{11} + \frac{5}{11}$

⑦ $\frac{2}{9} + \frac{5}{9}$　　　　⑧ $\frac{1}{5} + \frac{3}{5}$　　　　⑨ $\frac{1}{7} + \frac{2}{7}$

⑩ $\frac{5}{8} + \frac{3}{8}$　　　　⑪ $\frac{1}{4} + \frac{3}{4}$　　　　⑫ $\frac{9}{10} + \frac{1}{10}$

⑬ $\frac{3}{5} - \frac{1}{5}$　　　　⑭ $\frac{2}{3} - \frac{1}{3}$　　　　⑮ $\frac{4}{7} - \frac{2}{7}$

⑯ $\frac{7}{9} - \frac{2}{9}$　　　　⑰ $\frac{5}{7} - \frac{4}{7}$　　　　⑱ $\frac{4}{5} - \frac{3}{5}$

⑲ $\frac{6}{7} - \frac{3}{7}$　　　　⑳ $\frac{4}{5} - \frac{2}{5}$　　　　㉑ $\frac{7}{11} - \frac{4}{11}$

㉒ $1 - \frac{1}{2}$　　　　㉓ $1 - \frac{7}{8}$　　　　㉔ $1 - \frac{1}{6}$

2 次の計算をしましょう。 52点（1つ2）

① $\dfrac{2}{3}+\dfrac{2}{3}$　　　② $\dfrac{5}{7}+\dfrac{4}{7}$　　　③ $\dfrac{7}{9}+\dfrac{7}{9}$

④ $\dfrac{2}{5}+\dfrac{6}{5}$　　　⑤ $\dfrac{6}{7}+\dfrac{8}{7}$　　　⑥ $\dfrac{9}{8}+\dfrac{7}{8}$

⑦ $1\dfrac{2}{5}+\dfrac{4}{5}$　　　⑧ $1\dfrac{5}{9}+\dfrac{5}{9}$　　　⑨ $\dfrac{3}{7}+1\dfrac{6}{7}$

⑩ $1\dfrac{1}{4}+\dfrac{3}{4}$　　　⑪ $1\dfrac{3}{8}+\dfrac{5}{8}$　　　⑫ $\dfrac{1}{6}+1\dfrac{5}{6}$

⑬ $\dfrac{6}{5}-\dfrac{3}{5}$　　　⑭ $\dfrac{8}{7}-\dfrac{2}{7}$　　　⑮ $\dfrac{13}{9}-\dfrac{5}{9}$

⑯ $\dfrac{11}{6}-\dfrac{5}{6}$　　　⑰ $\dfrac{5}{4}-\dfrac{1}{4}$　　　⑱ $\dfrac{5}{3}-\dfrac{4}{3}$

⑲ $\dfrac{15}{7}-\dfrac{8}{7}$　　　⑳ $1\dfrac{2}{7}-\dfrac{5}{7}$　　　㉑ $1\dfrac{2}{5}-\dfrac{3}{5}$

㉒ $1\dfrac{1}{3}-\dfrac{2}{3}$　　　㉓ $1\dfrac{7}{9}-\dfrac{8}{9}$　　　㉔ $1\dfrac{7}{11}-\dfrac{9}{11}$

㉕ $2-\dfrac{1}{6}$　　　㉖ $3-\dfrac{3}{8}$

👑 分母が同じ分数のたし算・ひき算では、分母はそのままで、分子のたし算・ひき算をするよ。

❶ 次の計算をしましょう。　　　　　　　　　　　　　　　48点(1つ4)

① $\dfrac{1}{2} + \dfrac{1}{3}$

② $\dfrac{1}{4} + \dfrac{2}{3}$

③ $\dfrac{4}{3} + \dfrac{2}{9}$

④ $\dfrac{7}{6} + \dfrac{3}{8}$

⑤ $\dfrac{5}{6} + \dfrac{1}{15}$

⑥ $\dfrac{3}{10} + \dfrac{6}{5}$

⑦ $\dfrac{3}{4} - \dfrac{2}{3}$

⑧ $\dfrac{11}{12} - \dfrac{8}{9}$

⑨ $\dfrac{7}{6} - \dfrac{7}{9}$

⑩ $\dfrac{3}{4} - \dfrac{5}{12}$

⑪ $\dfrac{7}{15} - \dfrac{1}{6}$

⑫ $\dfrac{7}{6} - \dfrac{3}{10}$

❷ 次の計算をしましょう。

① $1\dfrac{1}{3} + \dfrac{3}{4}$

② $\dfrac{5}{6} + 2\dfrac{1}{4}$

③ $1\dfrac{2}{3} + 1\dfrac{1}{5}$

④ $1\dfrac{1}{10} + 2\dfrac{1}{2}$

⑤ $1\dfrac{1}{2} + 1\dfrac{5}{6}$

⑥ $1\dfrac{4}{5} + 2\dfrac{7}{10}$

⑦ $1\dfrac{3}{5} - \dfrac{7}{10}$

⑧ $2\dfrac{5}{8} - \dfrac{3}{4}$

⑨ $3\dfrac{1}{2} - 1\dfrac{2}{3}$

⑩ $2\dfrac{3}{4} - 1\dfrac{11}{12}$

⑪ $4\dfrac{1}{10} - 1\dfrac{14}{15}$

⑫ $5\dfrac{4}{21} - 2\dfrac{5}{14}$

⑬ $4\dfrac{2}{3} - 1\dfrac{11}{12}$

> 通分するときは、ふつう、分母の最小公倍数を分母にするといいよ。

分母のちがう分数のたし算・ひき算では、通分して分母をそろえてから、分子のたし算・ひき算をするよ。答えの約分もわすれないようにしよう。

1 次の計算をしましょう。　　　　　　　　　　　　48点(1つ3)

① $\dfrac{1}{7} \times \dfrac{1}{5}$

② $\dfrac{4}{5} \times \dfrac{2}{3}$

③ $\dfrac{5}{4} \times \dfrac{5}{6}$

④ $\dfrac{2}{5} \times \dfrac{4}{3}$

⑤ $\dfrac{5}{8} \times \dfrac{6}{7}$

⑥ $\dfrac{3}{5} \times \dfrac{4}{9}$

⑦ $\dfrac{3}{7} \times \dfrac{14}{9}$

⑧ $\dfrac{3}{8} \times \dfrac{8}{3}$

⑨ $\dfrac{9}{10} \times \dfrac{5}{12}$

⑩ $\dfrac{14}{15} \times \dfrac{10}{21}$

⑪ $3 \times \dfrac{2}{7}$

⑫ $\dfrac{9}{8} \times 5$

⑬ $6 \times \dfrac{3}{4}$

⑭ $\dfrac{1}{3} \times 3$

⑮ $\dfrac{5}{9} \times 6$

⑯ $8 \times \dfrac{5}{4}$

❷ 次の計算をしましょう。　　　　　　　　　　　　　　　　　　　52点(1つ4)

① $1\dfrac{2}{7} \times \dfrac{5}{8}$

② $\dfrac{7}{8} \times 3\dfrac{1}{5}$

③ $1\dfrac{1}{8} \times \dfrac{4}{9}$

④ $\dfrac{6}{5} \times 3\dfrac{1}{3}$

⑤ $2\dfrac{1}{2} \times 1\dfrac{2}{3}$

⑥ $1\dfrac{1}{7} \times 2\dfrac{1}{4}$

⑦ $1\dfrac{3}{5} \times 3\dfrac{2}{4}$

⑧ $1\dfrac{5}{6} \times 1\dfrac{3}{11}$

⑨ $2\dfrac{2}{9} \times 2\dfrac{2}{5}$

⑩ $\dfrac{2}{7} \times \dfrac{5}{6} \times \dfrac{9}{10}$

⑪ $\dfrac{7}{4} \times \dfrac{2}{9} \times \dfrac{3}{7}$

⑫ $1\dfrac{2}{3} \times \dfrac{4}{5} \times \dfrac{7}{8}$

⑬ $1\dfrac{1}{6} \times 2\dfrac{2}{7} \times \dfrac{3}{8}$

> 帯分数は仮分数になおして
> 計算するよ。

分数×分数の計算では、分母どうし、分子どうしをそれぞれかけるよ。整数を
かけるときは、分母が1の分数と考えてかけ算をしよう。

36

6年間の計算の復習 ⑮
分数のわり算

月　　日　　時　分〜　時　分

名前

点

❶ 次の計算をしましょう。　　　　　　　　　　　　　　　　　　48点(1つ4)

① $\dfrac{1}{7} \div \dfrac{3}{4}$

② $\dfrac{5}{6} \div \dfrac{3}{5}$

③ $\dfrac{2}{9} \div \dfrac{5}{6}$

④ $\dfrac{8}{5} \div \dfrac{3}{10}$

⑤ $\dfrac{3}{14} \div \dfrac{6}{7}$

⑥ $\dfrac{3}{2} \div \dfrac{9}{8}$

⑦ $\dfrac{3}{4} \div \dfrac{3}{8}$

⑧ $\dfrac{9}{10} \div \dfrac{6}{35}$

⑨ $2 \div \dfrac{3}{5}$

⑩ $\dfrac{7}{6} \div 3$

⑪ $5 \div \dfrac{1}{2}$

⑫ $\dfrac{8}{9} \div 12$

② 次の計算をしましょう。

① $\dfrac{3}{8} \div 2\dfrac{2}{3}$

② $2\dfrac{2}{5} \div \dfrac{6}{7}$

③ $4\dfrac{1}{2} \div \dfrac{3}{8}$

④ $3\dfrac{1}{3} \div 2\dfrac{2}{5}$

⑤ $2\dfrac{4}{5} \div 2\dfrac{1}{10}$

⑥ $2\dfrac{1}{2} \div 1\dfrac{1}{4}$

⑦ $3 \div 1\dfrac{3}{7}$

⑧ $1\dfrac{1}{5} \div 9$

⑨ $8 \div 1\dfrac{1}{3}$

⑩ $\dfrac{3}{10} \div \dfrac{4}{9} \times \dfrac{5}{6}$

⑪ $\dfrac{9}{4} \div \dfrac{6}{7} \div \dfrac{7}{8}$

⑫ $\dfrac{3}{8} \div \dfrac{5}{6} \div 0.9$

⑬ $0.3 \div 0.45 \times \dfrac{3}{7}$

分数のわり算では、
帯分数は、まず仮分数に
なおすよ。

分数÷分数の計算では、わる数の逆数をかける計算になおすよ。整数は分母が 1 の
分数と考えよう。

6年間の計算の復習 ⑯
いろいろな計算 ②

1 次の計算をしましょう。　　　　　　　　　　　　　　48点(1つ3)

①　12−(8−3)　　　　　　　②　20+(10−8)

③　16−(4+5)　　　　　　　④　(15−8)−3

⑤　(10+4)×5　　　　　　　⑥　(13−5)÷2

⑦　25−10÷5　　　　　　　⑧　12+3×4

⑨　12÷2÷3　　　　　　　　⑩　16÷(8÷2)

⑪　15÷5×12　　　　　　　⑫　30÷(2×3)

⑬　8×5÷4　　　　　　　　⑭　60÷(80÷16)

⑮　80÷4÷5　　　　　　　　⑯　72÷6×8

❷ 次の計算をしましょう。

① $6 \times 8 - 3 \times 5$

② $9 + 2 \times 6 - 8$

③ $5 + 2 \times (7 - 2)$

④ $(8 - 3) \times 6 - 5$

⑤ $28 \div 4 + 35 \div 7$

⑥ $30 \div (6 - 1) + 6$

⑦ $64 - 40 \div (3 + 5)$

⑧ $(42 - 7) \div 5 - 7$

⑨ $20 \div 4 + 7 \times 2$

⑩ $5 \times (9 - 3) \div 10$

⑪ $7 \times 6 - 30 \div 3$

⑫ $(27 + 6 \times 3) \div 9$

⑬ $(12 - 10 \div 2) \times 4$

計算の順序に注意して計算しよう。

＋、－、×、÷ が混じり、（ ）を使った式の計算では、計算の順序に注意しよう。
（ ）の中→ ×、÷ → ＋、－ の順に計算を進めるよ。

6年間の計算の復習 ⑰
いろいろな計算 ③

1 次の計算をしましょう。

48点(1つ3)

① $\dfrac{2}{3}-\left(\dfrac{3}{5}-\dfrac{1}{4}\right)$

② $\dfrac{1}{6}+\left(0.8-\dfrac{1}{10}\right)$

小数はまず
分数になおす

③ $\dfrac{3}{5}-\left(\dfrac{7}{10}-\dfrac{1}{2}\right)$

④ $\left(\dfrac{3}{4}-\dfrac{2}{5}\right)-\dfrac{1}{6}$

⑤ $\left(0.25+\dfrac{1}{3}\right)\times\dfrac{3}{4}$

⑥ $\left(2\dfrac{1}{3}-\dfrac{1}{6}\right)\div\dfrac{2}{3}$

⑦ $\dfrac{5}{6}-\dfrac{1}{2}\times\dfrac{2}{3}$

⑧ $0.3+\dfrac{3}{4}\times\dfrac{8}{5}$

⑨ $1.2\div\dfrac{3}{5}\times\dfrac{3}{4}$

⑩ $\dfrac{4}{9}\div\left(\dfrac{2}{5}\div\dfrac{3}{8}\right)$

⑪ $\dfrac{5}{4}\div0.3\times\dfrac{1}{6}$

⑫ $\dfrac{6}{5}\div\left(0.65\times\dfrac{9}{26}\right)$

⑬ $\dfrac{8}{11}\times1\dfrac{5}{6}\div\dfrac{7}{12}$

⑭ $0.21\div2\dfrac{4}{5}\div\dfrac{1}{3}$

⑮ $\dfrac{4}{7}\div\left(\dfrac{3}{5}\div2\dfrac{1}{3}\right)$

⑯ $1\dfrac{2}{3}\div2\dfrac{1}{7}\times\dfrac{3}{14}$

❷ 次の計算をしましょう。

① $\dfrac{2}{3} \times \dfrac{3}{4} - \dfrac{1}{3} \times \dfrac{1}{2}$

② $\dfrac{3}{4} + \dfrac{1}{6} \times \dfrac{2}{3} - \dfrac{3}{4}$

③ $\dfrac{1}{5} + \dfrac{3}{2} \times \left(\dfrac{5}{6} - \dfrac{2}{3} \right)$

④ $\left(0.8 - \dfrac{1}{3} \right) \times \dfrac{1}{2} - \dfrac{1}{6}$

⑤ $\dfrac{5}{8} \div 1.5 + \dfrac{3}{4} \div 0.5$

⑥ $0.4 \div \left(\dfrac{4}{5} - \dfrac{2}{3} \right) - \dfrac{9}{10}$

⑦ $\dfrac{1}{6} + 0.25 \div \left(\dfrac{1}{4} + \dfrac{1}{6} \right)$

⑧ $\left(0.75 - \dfrac{1}{2} \right) \div \dfrac{2}{5} - \dfrac{3}{10}$

⑨ $\dfrac{2}{5} \div \dfrac{1}{3} + \dfrac{1}{4} \times \dfrac{1}{5}$

⑩ $\dfrac{1}{3} \times \left(0.6 - \dfrac{1}{4} \right) \div \dfrac{2}{5}$

⑪ $1\dfrac{1}{4} \times \dfrac{4}{5} - \dfrac{1}{7} \div \dfrac{3}{14}$

⑫ $\left(2\dfrac{2}{3} + \dfrac{4}{5} \times \dfrac{1}{3} \right) \div \dfrac{4}{5}$

⑬ $\left(2\dfrac{1}{5} - \dfrac{2}{3} \div \dfrac{2}{5} \right) \times \dfrac{1}{4}$

分数や小数の混じった計算でも、計算の順序は、整数の場合と同じだよ。小数を分数になおして計算するとうまくいくよ。

39 しあげのテスト1

1 次の計算をしましょう。　　　　　　　　　　　　　30点(①〜⑥1つ2、⑦〜⑫1つ3)

① 　367
　+516

② 　6473
　+3542

③ 　504
　−286

④ 　3.94
　+5.23

⑤ 　2.07
　+4.93

⑥ 　3.41
　−1.62

⑦ 　63
　×78

⑧ 　472
　× 95

⑨ 　607
　×906

⑩ 　3.14
　× 　7

⑪ 　73.6
　× 1.5

⑫ 　12.3
　×5.16

2 次の計算を、わり切れるまでしましょう。　　　　　　　　18点(1つ3)

① 34)918

② 432)7344

③ 9)56.7

④ 25)130

⑤ 0.47)1.457

⑥ 4.6)16.1

① $\dfrac{6}{7}+\dfrac{5}{7}$

② $1\dfrac{3}{5}+\dfrac{4}{5}$

③ $\dfrac{2}{9}+\dfrac{1}{6}$

④ $\dfrac{1}{15}+\dfrac{1}{10}$

⑤ $\dfrac{11}{21}+1\dfrac{1}{3}$

⑥ $1\dfrac{5}{9}+2\dfrac{2}{3}$

⑦ $\dfrac{11}{9}-\dfrac{7}{9}$

⑧ $1\dfrac{5}{8}-\dfrac{7}{8}$

⑨ $4-1\dfrac{3}{4}$

⑩ $\dfrac{7}{8}-\dfrac{1}{6}$

⑪ $\dfrac{9}{10}-\dfrac{5}{6}$

⑫ $3\dfrac{5}{6}-1\dfrac{1}{3}$

⑬ $\dfrac{3}{8}\times\dfrac{5}{9}$

⑭ $\dfrac{3}{5}\times\dfrac{10}{9}$

⑮ $\dfrac{5}{6}\times14$

⑯ $\dfrac{6}{7}\times1\dfrac{2}{3}$

⑰ $1\dfrac{1}{8}\times\dfrac{5}{6}$

⑱ $2\dfrac{2}{5}\times1\dfrac{1}{9}$

⑲ $1\dfrac{1}{6}\times\dfrac{5}{14}\times\dfrac{3}{10}$

⑳ $\dfrac{4}{9}\div\dfrac{5}{6}$

㉑ $\dfrac{2}{15}\div\dfrac{6}{5}$

㉒ $10\div\dfrac{5}{8}$

㉓ $2\dfrac{1}{3}\div\dfrac{5}{6}$

㉔ $\dfrac{3}{8}\div2\dfrac{1}{4}$

㉕ $1\dfrac{1}{4}\div2\dfrac{1}{7}$

㉖ $\dfrac{9}{10}\div\dfrac{8}{15}\div\dfrac{3}{8}$

月　日　目標時間 **15** 分

名前

点

1 次の計算をしましょう。　　　　　　　　　　　　　30点（①〜⑥1つ2、⑦〜⑫1つ3）

①
$$2396 \\ +8604$$

②
$$6318 \\ -1439$$

③
$$8060 \\ -6178$$

④
$$1.69 \\ +6.572$$

⑤
$$5.4 \\ -1.65$$

⑥
$$1.602 \\ -0.812$$

⑦
$$18 \\ \times 49$$

⑧
$$508 \\ \times 25$$

⑨
$$34 \\ \times 263$$

⑩
$$5.8 \\ \times 6.7$$

⑪
$$0.71 \\ \times 0.49$$

⑫
$$6.25 \\ \times 0.04$$

2 次の計算を、わり切れるまでしましょう。　　　　　　　18点（1つ3）

① $7\overline{)4466}$

② $26\overline{)2028}$

③ $4.6\overline{)7.82}$

④ $0.19\overline{)1.064}$

⑤ $0.75\overline{)21}$

⑥ $0.06\overline{)0.27}$

3 次の計算をしましょう。

① $\dfrac{3}{7}+\dfrac{2}{7}$

② $\dfrac{3}{8}+\dfrac{3}{10}$

③ $\dfrac{5}{6}+\dfrac{3}{2}$

④ $\dfrac{1}{6}+1\dfrac{7}{8}$

⑤ $2\dfrac{1}{5}+1\dfrac{3}{10}$

⑥ $3\dfrac{1}{3}+2\dfrac{1}{6}$

⑦ $\dfrac{10}{7}-\dfrac{6}{7}$

⑧ $1\dfrac{4}{9}-\dfrac{7}{9}$

⑨ $3-\dfrac{7}{6}$

⑩ $5-2\dfrac{1}{5}$

⑪ $\dfrac{11}{12}-\dfrac{5}{8}$

⑫ $4\dfrac{1}{12}-1\dfrac{3}{4}$

⑬ $\dfrac{4}{7}\times\dfrac{5}{9}$

⑭ $\dfrac{4}{3}\times\dfrac{7}{12}$

⑮ $16\times\dfrac{5}{12}$

⑯ $1\dfrac{7}{8}\times\dfrac{3}{10}$

⑰ $\dfrac{5}{9}\times2\dfrac{2}{5}$

⑱ $2\dfrac{1}{7}\times1\dfrac{5}{6}$

⑲ $\dfrac{7}{12}\div\dfrac{3}{5}$

⑳ $3\div\dfrac{4}{7}$

㉑ $\dfrac{10}{21}\div\dfrac{5}{9}$

㉒ $4\dfrac{1}{2}\div\dfrac{6}{7}$

㉓ $\dfrac{7}{9}\div1\dfrac{1}{6}$

㉔ $2\dfrac{1}{5}\div1\dfrac{1}{10}$

㉕ $2\dfrac{1}{4}\div\dfrac{5}{8}\times\dfrac{2}{9}$

㉖ $0.9\times\dfrac{2}{7}\div1.2$

答え

6年の 計算

1 5年生で習ったこと①

1

①
```
    1.7
  × 2.6
  ─────
    102
   34
  ─────
  4.42
```

②
```
    3.5
  × 4.7
  ─────
    245
  140
  ─────
  16.45
```

③
```
    7.2
  × 5.9
  ─────
    648
  360
  ─────
  42.48
```

④
```
     12
  × 3.14
  ─────
     48
    12
   36
  ─────
  37.68
```

⑤
```
   0.56
  ×  3.4
  ─────
    224
   168
  ─────
  1.904
```

⑥
```
    5.5
  × 0.29
  ─────
    495
   110
  ─────
  1.595
```

⑦
```
    3.6
  × 0.65
  ─────
    180
   216
  ─────
  2.340
```

⑧
```
   0.23
  × 0.46
  ─────
    138
    92
  ─────
  0.1058
```

⑨
```
   0.03
  × 0.27
  ─────
     21
     6
  ─────
  0.0081
```

⑩
```
    4.7
  × 6.07
  ─────
    329
  282
  ─────
  28.529
```

⑪
```
   0.09
  × 3.18
  ─────
     72
    9
   27
  ─────
  0.2862
```

2

①
```
        4.3
  1.6)6.8.8
      64
      ──
      48
      48
      ──
       0
```

②
```
         7.6
  4.8)36.4.8
      336
      ───
      288
      288
      ───
        0
```

③
```
         7
  0.67)4.69
       469
       ───
         0
```

④
```
          135
  0.07)9.45
       7
       ──
       24
       21
       ──
       35
       35
       ──
        0
```

⑤
```
        0.85
  3.8)3.2.3
      304
      ───
      190
      190
      ───
        0
```

⑥
```
        8.75
  0.8)7.0
      64
      ──
      60
      56
      ──
      40
      40
      ──
       0
```

⑦
```
       2.4
  2.5)6.0
      50
      ──
      100
      100
      ───
        0
```

⑧
```
         5.8
  1.25)7.25
       625
       ───
       1000
       1000
       ────
          0
```

3

①
```
          7
         3.67
  8.7)32.0
      261
      ───
      590
      522
      ───
      680
      609
      ───
       71
```

②
```
          6.82
  6.3)43.0
      378
      ───
      520
      504
      ───
      160
      126
      ───
       34
```

③
```
          3
         2.27
  3.3)7.5
      66
      ──
      90
      66
      ──
      240
      231
      ───
        9
```

④
```
         3.62
  2.4)8.7
      72
      ──
      150
      144
      ───
       60
       48
       ──
       12
```

⑤
```
        95.71
  0.7)67.0
      63
      ──
      40
      35
      ──
       50
       49
       ──
       10
        7
       ──
        3
```

⑥
```
          9
         1.85
  3.6)6.6.7
      36
      ──
      307
      288
      ───
      190
      180
      ───
       10
```

考え方 **1 2** 小数×小数、小数÷小数の計算では、小数点の位置に注意します。

3 商を $\frac{1}{100}$ の位まで計算して、その位を四捨五入します。

👑2 5年生で習ったこと②

❶ ① $\frac{8}{15}$　② $\frac{35}{36}$　③ $\frac{3}{2}\left(1\frac{1}{2}\right)$

④ $\frac{51}{20}\left(2\frac{11}{20}\right)$　⑤ $\frac{1}{2}$　⑥ $\frac{16}{3}\left(5\frac{1}{3}\right)$

⑦ $\frac{137}{40}\left(3\frac{17}{40}\right)$ ⑧ $\frac{4}{5}$　⑨ $\frac{19}{12}\left(1\frac{7}{12}\right)$

⑩ $\frac{25}{6}\left(4\frac{1}{6}\right)$　⑪ $\frac{71}{28}\left(2\frac{15}{28}\right)$ ⑫ $\frac{52}{15}\left(3\frac{7}{15}\right)$

❷ ① $\frac{3}{28}$　② $\frac{3}{8}$　③ $\frac{1}{2}$

④ $\frac{3}{4}$　⑤ $\frac{5}{6}$　⑥ $\frac{41}{15}\left(2\frac{11}{15}\right)$

⑦ $\frac{19}{24}$　⑧ $\frac{2}{15}$　⑨ $\frac{13}{36}$

⑩ $\frac{3}{2}\left(1\frac{1}{2}\right)$　⑪ $\frac{29}{35}$　⑫ $\frac{2}{21}$

⑬ $\frac{11}{6}\left(1\frac{5}{6}\right)$

考え方 分母のちがう分数のたし算・ひき算では、通分して分母をそろえます。約分できるものは約分します。

❶ ③ $\frac{2}{3}+\frac{5}{6}=\frac{4}{6}+\frac{5}{6}-\frac{\cancel{9}^{3}}{\cancel{6}_{2}}=\frac{3}{2}\left(1\frac{1}{2}\right)$

👑3 分数×整数 ①

❶ ① $\frac{2}{7}\times3=\frac{2\times3}{7}=\frac{6}{7}$

② $\frac{2}{3}$　③ $\frac{3}{4}$　④ $\frac{2}{5}$　⑤ $\frac{5}{6}$

⑥ $\frac{4}{5}$　⑦ $\frac{6}{7}$　⑧ $\frac{8}{9}$　⑨ $\frac{4}{5}$

⑩ $\frac{9}{10}$　⑪ $\frac{8}{9}$　⑫ $\frac{3}{13}$

❷ ① $\frac{4}{3}\left(1\frac{1}{3}\right)$　② $\frac{8}{5}\left(1\frac{3}{5}\right)$　③ $\frac{35}{6}\left(5\frac{5}{6}\right)$

④ $\frac{9}{7}\left(1\frac{2}{7}\right)$　⑤ $\frac{16}{5}\left(3\frac{1}{5}\right)$　⑥ $\frac{63}{10}\left(6\frac{3}{10}\right)$

⑦ $\frac{28}{9}\left(3\frac{1}{9}\right)$　⑧ $\frac{32}{11}\left(2\frac{10}{11}\right)$　⑨ $\frac{117}{10}\left(11\frac{7}{10}\right)$

⑩ $\frac{35}{8}\left(4\frac{3}{8}\right)$　⑪ $\frac{9}{8}\left(1\frac{1}{8}\right)$　⑫ $\frac{24}{7}\left(3\frac{3}{7}\right)$

⑬ $\frac{27}{4}\left(6\frac{3}{4}\right)$

考え方 分数×整数では、整数を分子にかけます。答えは、仮分数のままでも、帯分数になおしてもよいです。

👑4 分数×整数 ②

❶ ① $\frac{3}{8}\times4=\frac{3\times\cancel{4}^{1}}{\cancel{8}_{2}}=\frac{3}{2}\left(1\frac{1}{2}\right)$

② $\frac{1}{2}$　③ $\frac{1}{2}$　④ $\frac{2}{3}$　⑤ $\frac{1}{4}$

⑥ $\frac{1}{3}$　⑦ $\frac{3}{4}$　⑧ $\frac{2}{5}$　⑨ $\frac{2}{7}$

⑩ $\frac{3}{2}\left(1\frac{1}{2}\right)$ ⑪ $\frac{2}{3}$　⑫ $\frac{9}{2}\left(4\frac{1}{2}\right)$

❷ ① $\frac{7}{2}\left(3\frac{1}{2}\right)$　② $\frac{5}{3}\left(1\frac{2}{3}\right)$　③ 3

④ $\frac{15}{2}\left(7\frac{1}{2}\right)$　⑤ 6　⑥ 18

⑦ $\frac{12}{5}\left(2\frac{2}{5}\right)$　⑧ $\frac{14}{3}\left(4\frac{2}{3}\right)$　⑨ $\frac{28}{3}\left(9\frac{1}{3}\right)$

⑩ $\frac{7}{3}\left(2\frac{1}{3}\right)$　⑪ $\frac{5}{2}\left(2\frac{1}{2}\right)$　⑫ $\frac{3}{4}$　⑬ 8

考え方 積を約分するのではなく、計算のとちゅうで約分すると、計算が簡単になります。

👑5 分数×分数 ①

❶ ① $\frac{1}{2}\times\frac{3}{5}=\frac{1\times3}{2\times5}=\frac{3}{10}$

② $\frac{1}{12}$　③ $\frac{1}{10}$　④ $\frac{2}{35}$

⑤ $\frac{3}{35}$　⑥ $\frac{3}{20}$　⑦ $\frac{4}{27}$

⑧ $\frac{5}{42}$　⑨ $\frac{35}{48}$　⑩ $\frac{35}{72}$

⑪ $\frac{16}{35}$

❷ ① $\frac{15}{56}$　② $\frac{14}{45}$　③ $\frac{25}{54}$

④ $\frac{9}{4}\left(2\frac{1}{4}\right)$　⑤ $\frac{21}{10}\left(2\frac{1}{10}\right)$ ⑥ $\frac{21}{32}$

⑦ $\frac{35}{72}$　⑧ $\frac{40}{63}$　⑨ $\frac{9}{56}$

⑩ $\frac{27}{50}$　⑪ $\frac{20}{49}$　⑫ $\frac{27}{20}\left(1\frac{7}{20}\right)$

⑬ $\frac{35}{18}\left(1\frac{17}{18}\right)$ ⑭ $\frac{32}{35}$

考え方
❶ ⑦ $\frac{2}{9} \times \frac{2}{3} = \frac{2\times2}{9\times3} = \frac{4}{27}$

❷ 仮分数でも同じように計算します。

④ $\frac{3}{2} \times \frac{3}{2} = \frac{3\times3}{2\times2} = \frac{9}{4}\left(2\frac{1}{4}\right)$

6 分数×分数②

❶ ①$2 \times \frac{3}{7} = \frac{2}{1} \times \frac{3}{7} = \frac{2\times3}{1\times7} = \frac{6}{7}$

②$\frac{3}{5}$　　③$\frac{8}{9}$　　④$\frac{4}{7}$

⑤$\frac{35}{9}\left(3\frac{8}{9}\right)$　⑥$\frac{12}{11}\left(1\frac{1}{11}\right)$　⑦$\frac{25}{12}\left(2\frac{1}{12}\right)$

⑧$\frac{12}{7}\left(1\frac{5}{7}\right)$　⑨$\frac{21}{10}\left(2\frac{1}{10}\right)$　⑩$\frac{15}{8}\left(1\frac{7}{8}\right)$

⑪$\frac{24}{7}\left(3\frac{3}{7}\right)$　⑫$\frac{20}{9}\left(2\frac{2}{9}\right)$

❷ ①$1\frac{1}{2} \times \frac{3}{5} = \frac{3}{2} \times \frac{3}{5} = \frac{3\times3}{2\times5} = \frac{9}{10}$

②$\frac{5}{21}$　③$\frac{45}{28}\left(1\frac{17}{28}\right)$ ④$\frac{14}{15}$

⑤$\frac{145}{49}\left(2\frac{47}{49}\right)$ ⑥$\frac{33}{40}$　⑦$\frac{85}{24}\left(3\frac{13}{24}\right)$

⑧$\frac{49}{20}\left(2\frac{9}{20}\right)$ ⑨$\frac{85}{14}\left(6\frac{1}{14}\right)$ ⑩$\frac{77}{18}\left(4\frac{5}{18}\right)$

⑪$\frac{91}{20}\left(4\frac{11}{20}\right)$ ⑫$\frac{76}{45}\left(1\frac{31}{45}\right)$ ⑬$\frac{230}{63}\left(3\frac{41}{63}\right)$

考え方 ❶ 整数と分数のかけ算では、整数は、分母が1の分数と考えて、分母どうし、分子どうしのかけ算で計算することができます。
❷ 帯分数をふくむかけ算では、帯分数を仮分数になおして計算します。

7 分数×分数③

❶ ①$\frac{1}{15}$　　②$\frac{5}{18}$　　③$\frac{63}{32}\left(1\frac{31}{32}\right)$

④$\frac{28}{15}\left(1\frac{13}{15}\right)$ ⑤$\frac{27}{70}$　　⑥$\frac{9}{20}$

⑦$\frac{54}{35}\left(1\frac{19}{35}\right)$ ⑧$\frac{3}{14}$　　⑨$\frac{14}{81}$

⑩$\frac{9}{16}$　　⑪$\frac{15}{56}$　　⑫$\frac{63}{50}\left(1\frac{13}{50}\right)$

❷ ①$\frac{12}{5}\left(2\frac{2}{5}\right)$　②$\frac{10}{3}\left(3\frac{1}{3}\right)$　③$\frac{10}{9}\left(1\frac{1}{9}\right)$

④$\frac{24}{7}\left(3\frac{3}{7}\right)$　⑤$\frac{21}{10}\left(2\frac{1}{10}\right)$　⑥$\frac{35}{6}\left(5\frac{5}{6}\right)$

⑦$\frac{9}{14}$　　⑧$\frac{28}{15}\left(1\frac{13}{15}\right)$ ⑨$\frac{77}{27}\left(2\frac{23}{27}\right)$

⑩$\frac{85}{18}\left(4\frac{13}{18}\right)$ ⑪$\frac{91}{40}\left(2\frac{11}{40}\right)$ ⑫$\frac{77}{16}\left(4\frac{13}{16}\right)$

⑬$\frac{65}{12}\left(5\frac{5}{12}\right)$

考え方 ❶ ③ $\frac{9}{8} \times \frac{7}{4} = \frac{9\times7}{8\times4} = \frac{63}{32}\left(1\frac{31}{32}\right)$

8 約分のあるかけ算

❶ ①$\frac{4}{9} \times \frac{5}{8} = \frac{4\times5}{9\times8} = \frac{5}{18}$

②$\frac{1}{15}$　　　　③$\frac{5}{14}$

④$\frac{3}{4} \times \frac{8}{9} = \frac{3\times8}{4\times9} = \frac{2}{3}$　⑤$\frac{1}{4}$

⑥$\frac{2}{3}$　　⑦6　　⑧$\frac{1}{2}$

⑨$\frac{1}{6}$　　⑩$\frac{3}{4}$　　⑪1

❷ ①$\frac{1}{6} \times 4 = \frac{1\times4}{6\times1} = \frac{2}{3}$

②$\frac{5}{4}\left(1\frac{1}{4}\right)$　　　　③$\frac{28}{3}\left(9\frac{1}{3}\right)$

④$\frac{9}{5}\left(1\frac{4}{5}\right)$　　　　⑤$\frac{15}{2}\left(7\frac{1}{2}\right)$

❸ ①$\frac{1}{4} \times \frac{3}{5} \times \frac{8}{9} = \frac{1\times3\times8}{4\times5\times9} = \frac{2}{15}$

②$\frac{1}{30}$　　　　③$\frac{1}{28}$

④$\frac{8}{15}$　　　　⑤$\frac{8}{7}\left(1\frac{1}{7}\right)$

考え方 ❶ 約分は1回だけとはかぎりません。

⑤ $\frac{3}{8} \times \frac{2}{3} = \frac{3\times2}{8\times3} = \frac{1}{4}$

❸ 帯分数は仮分数になおして、約分します。

9 分数のかけ算①

❶
① $\frac{1}{28}$　　② $\frac{4}{15}$　　③ $\frac{35}{48}$

④ $\frac{35}{72}$　　⑤ $\frac{9}{10}$　　⑥ $\frac{35}{88}$

⑦ $\frac{16}{45}$　　⑧ $\frac{21}{40}$　　⑨ $\frac{49}{36}\left(1\frac{13}{36}\right)$

⑩ $\frac{81}{80}\left(1\frac{1}{80}\right)$　⑪ $\frac{80}{21}\left(3\frac{17}{21}\right)$　⑫ $\frac{55}{32}\left(1\frac{23}{32}\right)$

❷
① $\frac{1}{3}$　　② $\frac{5}{4}\left(1\frac{1}{4}\right)$　　③ $\frac{20}{9}\left(2\frac{2}{9}\right)$

④ $\frac{5}{8}$　　⑤ $\frac{7}{8}$　　⑥ $\frac{16}{21}$

⑦ $\frac{1}{4}$　　⑧ $\frac{1}{8}$　　⑨ $\frac{1}{3}$

⑩ 4　　⑪ $\frac{3}{2}\left(1\frac{1}{2}\right)$　　⑫ 1

⑬ $\frac{3}{2}\left(1\frac{1}{2}\right)$

考え方　❷⑩　$\frac{6}{5}\times\frac{10}{3}=\frac{\overset{2}{6}\times\overset{2}{10}}{\underset{1}{5}\times\underset{1}{3}}=4$

10 分数のかけ算②

❶
① $\frac{20}{9}\left(2\frac{2}{9}\right)$　② $\frac{35}{6}\left(5\frac{5}{6}\right)$　③ $\frac{21}{4}\left(5\frac{1}{4}\right)$

④ $\frac{30}{7}\left(4\frac{2}{7}\right)$　⑤ $\frac{15}{4}\left(3\frac{3}{4}\right)$　⑥ $\frac{14}{3}\left(4\frac{2}{3}\right)$

⑦ $\frac{21}{2}\left(10\frac{1}{2}\right)$　⑧ $\frac{5}{3}\left(1\frac{2}{3}\right)$　⑨ $\frac{3}{2}\left(1\frac{1}{2}\right)$

⑩ $\frac{7}{2}\left(3\frac{1}{2}\right)$　⑪ 1　⑫ $\frac{44}{3}\left(14\frac{2}{3}\right)$

❷
① $\frac{27}{20}\left(1\frac{7}{20}\right)$　② $\frac{39}{2}\left(19\frac{1}{2}\right)$　③ $\frac{55}{42}\left(1\frac{13}{42}\right)$

④ $\frac{45}{2}\left(22\frac{1}{2}\right)$　⑤ $\frac{15}{4}\left(3\frac{3}{4}\right)$　⑥ $\frac{22}{9}\left(2\frac{4}{9}\right)$

⑦ $\frac{9}{4}\left(2\frac{1}{4}\right)$　⑧ $\frac{4}{3}\left(1\frac{1}{3}\right)$　⑨ $\frac{7}{2}\left(3\frac{1}{2}\right)$

⑩ $\frac{28}{5}\left(5\frac{3}{5}\right)$　⑪ $\frac{10}{9}\left(1\frac{1}{9}\right)$　⑫ $\frac{1}{3}$

⑬ $\frac{9}{2}\left(4\frac{1}{2}\right)$

考え方　❶　整数と分数のかけ算では、整数を分数の分子にかけても、整数を分母が１の分数の形にしてかけてもかまいません。約分できるものを見落とさないようにしましょう。

11 逆数

❶
①3、3

②5　　③7　　④10

⑤ $\frac{4}{3}$、$\frac{4}{3}\left(1\frac{1}{3}\right)$

⑥ $\frac{7}{5}\left(1\frac{2}{5}\right)$　⑦ $\frac{8}{3}\left(2\frac{2}{3}\right)$　⑧ $\frac{12}{7}\left(1\frac{5}{7}\right)$

⑨ $\frac{15}{2}\left(7\frac{1}{2}\right)$　⑩ $\frac{3}{7}$　　⑪ $\frac{6}{11}$

⑫ $\frac{4}{5}$　　⑬ $\frac{3}{8}$

❷
① $\frac{1}{4}$、$\frac{1}{4}$

② $\frac{1}{5}$　　③ $\frac{1}{8}$　　④ $\frac{1}{9}$

⑤ $\frac{1}{11}$　　⑥ $\frac{1}{18}$

❸
① $\frac{3}{10}$、$\frac{3}{10}$、$\frac{10}{3}\left(3\frac{1}{3}\right)$

② $\frac{10}{7}\left(1\frac{3}{7}\right)$　③ $\frac{100}{23}\left(4\frac{8}{23}\right)$　④2

⑤ $\frac{5}{4}\left(1\frac{1}{4}\right)$　⑥ $\frac{4}{5}$

考え方　❶②　$\frac{1}{5}$の逆数は $\frac{5}{1}=5$

❸④　$0.5=\frac{5}{10}=\frac{1}{2}$　逆数は $\frac{2}{1}=2$

12 分数÷整数①

1
① $\dfrac{5}{6}\div 3=\dfrac{5}{6\times 3}=\dfrac{5}{18}$

② $\dfrac{1}{6}$　③ $\dfrac{3}{8}$　④ $\dfrac{3}{20}$　⑤ $\dfrac{5}{56}$

⑥ $\dfrac{2}{21}$　⑦ $\dfrac{1}{30}$　⑧ $\dfrac{7}{50}$　⑨ $\dfrac{1}{2}$

⑩ $\dfrac{4}{45}$　⑪ $\dfrac{7}{24}$　⑫ $\dfrac{8}{81}$

2
① $\dfrac{2}{63}$　② $\dfrac{7}{36}$　③ $\dfrac{8}{9}$　④ $\dfrac{6}{77}$

⑤ $\dfrac{9}{80}$　⑥ $\dfrac{7}{80}$　⑦ $\dfrac{11}{72}$　⑧ $\dfrac{5}{72}$

⑨ $\dfrac{3}{4}$　⑩ $\dfrac{9}{64}$　⑪ $\dfrac{4}{21}$　⑫ $\dfrac{2}{99}$

⑬ $\dfrac{7}{60}$

考え方 分数÷整数では、整数を分母にかけます。

13 分数÷整数②

1
① $\dfrac{4}{5}\div 2=\dfrac{\overset{2}{4}}{5\times\underset{1}{2}}=\dfrac{2}{5}$

② $\dfrac{1}{3}$　③ $\dfrac{1}{4}$　④ $\dfrac{1}{5}$　⑤ $\dfrac{1}{9}$

⑥ $\dfrac{2}{7}$　⑦ $\dfrac{3}{10}$　⑧ $\dfrac{1}{16}$　⑨ $\dfrac{1}{14}$

⑩ $\dfrac{1}{21}$　⑪ $\dfrac{3}{44}$　⑫ $\dfrac{1}{15}$

2
① $\dfrac{3}{7}$　② $\dfrac{3}{28}$　③ $\dfrac{1}{5}$　④ $\dfrac{1}{48}$

⑤ $\dfrac{4}{45}$　⑥ $\dfrac{2}{9}$　⑦ $\dfrac{1}{30}$　⑧ $\dfrac{1}{45}$

⑨ $\dfrac{1}{63}$　⑩ $\dfrac{3}{34}$　⑪ $\dfrac{4}{105}$　⑫ $\dfrac{7}{25}$

⑬ $\dfrac{3}{52}$

考え方 分子とわる整数の最大公約数で約分します。
2 ⑧ （14、42）最大公約数14。

14 分数÷分数①

1
① 3、3　② 6　③ 15

④ 3、$\dfrac{3}{4}$　⑤ $\dfrac{3}{7}$　⑥ $\dfrac{6}{5}\left(1\dfrac{1}{5}\right)$

⑦ $\dfrac{12}{7}\left(1\dfrac{5}{7}\right)$　⑧ $\dfrac{35}{6}\left(5\dfrac{5}{6}\right)$　⑨ $\dfrac{10}{3}\left(3\dfrac{1}{3}\right)$

⑩ $\dfrac{6}{7}$　⑪ 40　⑫ 90

2
① 4、$\dfrac{4}{5}$　② $\dfrac{21}{4}\left(5\dfrac{1}{4}\right)$　③ $\dfrac{8}{9}$

④ $\dfrac{30}{7}\left(4\dfrac{2}{7}\right)$　⑤ $\dfrac{27}{8}\left(3\dfrac{3}{8}\right)$　⑥ $\dfrac{55}{4}\left(13\dfrac{3}{4}\right)$

⑦ $\dfrac{27}{10}\left(2\dfrac{7}{10}\right)$　⑧ $\dfrac{8}{13}$　⑨ $\dfrac{22}{9}\left(2\dfrac{4}{9}\right)$

⑩ 42　⑪ 40　⑫ 44　⑬ 60

考え方 答えは、仮分数のままでも、帯分数になおしてもよいです。

15 分数÷分数②

1
① $\dfrac{3}{7}\div\dfrac{2}{3}=\dfrac{3\times 3}{7\times 2}=\dfrac{9}{14}$　② $\dfrac{5}{12}$

③ $\dfrac{10}{9}\left(1\dfrac{1}{9}\right)$　④ $\dfrac{12}{35}$　⑤ $\dfrac{8}{35}$

⑥ $\dfrac{25}{12}\left(2\dfrac{1}{12}\right)$　⑦ $\dfrac{21}{50}$　⑧ $\dfrac{48}{35}\left(1\dfrac{13}{35}\right)$

⑨ $\dfrac{20}{27}$　⑩ $\dfrac{28}{27}\left(1\dfrac{1}{27}\right)$　⑪ $\dfrac{55}{48}\left(1\dfrac{7}{48}\right)$

2
① $\dfrac{5}{6}\div\dfrac{2}{3}=\dfrac{5\times\overset{1}{3}}{\underset{2}{6}\times 2}=\dfrac{5}{4}\left(1\dfrac{1}{4}\right)$　② $\dfrac{9}{10}$

③ $\dfrac{10}{7}\left(1\dfrac{3}{7}\right)$　④ $\dfrac{14}{15}$　⑤ $\dfrac{8}{3}\left(2\dfrac{2}{3}\right)$

⑥ $\dfrac{7}{9}$　⑦ $\dfrac{5}{6}$　⑧ $\dfrac{8}{9}$

⑨ $\dfrac{1}{2}$　⑩ $\dfrac{1}{3}$　⑪ $\dfrac{1}{6}$

⑫ $\dfrac{3}{4}$　⑬ $\dfrac{2}{3}$　⑭ $\dfrac{3}{4}$

考え方 **2** かけ算の式になおした後、約分できるものは約分します。

1

① $1\frac{1}{2} \div \frac{2}{3} = \frac{3}{2} \div \frac{2}{3} = \frac{3 \times 3}{2 \times 2} = \frac{9}{4}\left(2\frac{1}{4}\right)$

② $\frac{4}{7} \div 1\frac{2}{7} = \frac{4}{7} \div \frac{9}{7} = \frac{4 \times \overset{1}{\cancel{7}}}{\underset{1}{\cancel{7}} \times 9} = \frac{4}{9}$　③ $\frac{5}{3}\left(1\frac{2}{3}\right)$

④ $\frac{5}{12} \div 4\frac{1}{6} = \frac{5}{12} \div \frac{25}{6} = \frac{\overset{1}{\cancel{5}} \times \overset{1}{\cancel{6}}}{\underset{2}{\cancel{12}} \times \underset{5}{\cancel{25}}} = \frac{1}{10}$

⑤ $\frac{7}{9}$　　　⑥ $\frac{1}{2}$　　　⑦ $\frac{4}{3}\left(1\frac{1}{3}\right)$

⑧ 12　　　⑨ $\frac{45}{56}$　　　⑩ $\frac{1}{2}$

2

① $6 \div \frac{4}{7} = \frac{6}{1} \div \frac{4}{7} = \frac{\overset{3}{\cancel{6}} \times 7}{1 \times \underset{2}{\cancel{4}}} = \frac{21}{2}\left(10\frac{1}{2}\right)$

② $\frac{3}{4} \div 6 = \frac{3}{4} \div \frac{6}{1} = \frac{3 \times 1}{4 \times \underset{2}{\cancel{6}}} = \frac{1}{8}$

③ 18　　　④ $\frac{21}{2}\left(10\frac{1}{2}\right)$　⑤ $\frac{54}{5}\left(10\frac{4}{5}\right)$

⑥ 18　　　⑦ $\frac{33}{2}\left(16\frac{1}{2}\right)$　⑧ $\frac{7}{32}$

⑨ $\frac{3}{20}$　　　⑩ $\frac{4}{15}$

考え方 **1** 帯分数をふくむわり算では、帯分数を仮分数になおしてから、わる数の逆数をかける形にします。

1

① $\frac{4}{3}\left(1\frac{1}{3}\right)$　② $\frac{3}{5}$　　③ $\frac{15}{4}\left(3\frac{3}{4}\right)$

④ $\frac{8}{9}$　　⑤ $\frac{6}{7}$　　⑥ $\frac{28}{15}\left(1\frac{13}{15}\right)$

⑦ $\frac{6}{7}$　　⑧ $\frac{9}{8}\left(1\frac{1}{8}\right)$　⑨ $\frac{16}{11}\left(1\frac{5}{11}\right)$

⑩ 18　　⑪ 48　　⑫ 70

2

① $\frac{14}{15}$　　② $\frac{18}{25}$　　③ $\frac{64}{35}\left(1\frac{29}{35}\right)$

④ $\frac{35}{36}$　　⑤ $\frac{50}{27}\left(1\frac{23}{27}\right)$　⑥ $\frac{14}{45}$

⑦ $\frac{27}{16}\left(1\frac{11}{16}\right)$　⑧ $\frac{15}{16}$　　⑨ $\frac{35}{36}$

⑩ $\frac{25}{8}\left(3\frac{1}{8}\right)$　⑪ $\frac{28}{25}\left(1\frac{3}{25}\right)$　⑫ $\frac{80}{99}$

⑬ $\frac{35}{32}\left(1\frac{3}{32}\right)$

考え方 **1** 分数 $\frac{1}{\bigcirc}$ でわる計算は、

1.　$\div \frac{1}{\bigcirc}$　→　$\times \bigcirc$　と整数をかける計算に、

2.　$\div \frac{1}{\bigcirc}$　→　$\times \frac{\bigcirc}{1}$　と逆数をかける計算に

する2通りの書き方があります。

1

① $\frac{9}{10}$　　② $\frac{3}{2}\left(1\frac{1}{2}\right)$　③ $\frac{7}{15}$

④ $\frac{7}{8}$　　⑤ $\frac{10}{9}\left(1\frac{1}{9}\right)$　⑥ $\frac{4}{15}$

⑦ $\frac{2}{3}$　　⑧ $\frac{5}{12}$　　⑨ $\frac{2}{3}$

⑩ $\frac{11}{18}$　　⑪ $\frac{4}{3}\left(1\frac{1}{3}\right)$　⑫ $\frac{3}{2}\left(1\frac{1}{2}\right)$

⑬ 2

2

① $\frac{20}{3}\left(6\frac{2}{3}\right)$　② 16　　③ $\frac{3}{10}$

④ $\frac{2}{7}$　　⑤ $\frac{55}{32}\left(1\frac{23}{32}\right)$　⑥ $\frac{25}{49}$

⑦ $\frac{15}{2}\left(7\frac{1}{2}\right)$　⑧ 6　　⑨ $\frac{1}{3}$

⑩ $\frac{21}{16}\left(1\frac{5}{16}\right)$　⑪ $\frac{5}{6}$　　⑫ $\frac{4}{3}\left(1\frac{1}{3}\right)$

考え方 **1** ① $\frac{3}{4} \div \boxed{\frac{5}{6}} = \frac{3 \times \overset{3}{\cancel{6}}}{4 \times 5} = \frac{9}{10}$

分母と分子を入れかえる

1

① $\frac{1}{9} \times \frac{5}{7} \div \frac{5}{9} = \frac{1 \times \overset{1}{\cancel{5}} \times \overset{1}{\cancel{9}}}{\underset{1}{\cancel{9}} \times 7 \times \underset{1}{\cancel{5}}} = \frac{1}{7}$

② $\frac{4}{15}$　③ $\frac{3}{20}$　④ $\frac{8}{21}$

⑤ $\frac{4}{3}\left(1\frac{1}{3}\right)$　⑥ $\frac{1}{12}$　⑦ $\frac{1}{32}$

⑧ $\frac{1}{3}$　　⑨ 4　　　⑩ $\frac{1}{3}$

⑪ 6

❷ ① $0.3 \div \dfrac{4}{5} \times \dfrac{1}{3} = \dfrac{3}{10} \div \dfrac{4}{5} \times \dfrac{1}{3}$

$= \dfrac{\overset{1}{3} \times \overset{1}{5} \times 1}{\underset{2}{10} \times 4 \times \underset{1}{3}} = \dfrac{1}{8}$

② $\dfrac{2}{7}$　　③ $\dfrac{10}{9}\left(1\dfrac{1}{9}\right)$　　④ $\dfrac{4}{5}$

⑤ $\dfrac{5}{14}$　　⑥ $\dfrac{1}{5}$　　⑦ 2

⑧ $\dfrac{3}{5}$　　⑨ 8

考え方 かけ算とわり算の混じった計算では、逆数を使ってかけ算の式にまとめます。

👑 20 まとめのテスト

❶ ① $\dfrac{4}{15}$　　② $\dfrac{15}{28}$　　③ $\dfrac{2}{5}$

④ $\dfrac{1}{12}$　　⑤ $\dfrac{2}{3}$　　⑥ $\dfrac{8}{7}\left(1\dfrac{1}{7}\right)$

⑦ $\dfrac{3}{5}$　　⑧ 10　　⑨ $\dfrac{7}{12}$

⑩ $\dfrac{65}{18}\left(3\dfrac{11}{18}\right)$　　⑪ 4

❷ ① $\dfrac{3}{70}$　　② $\dfrac{3}{7}$　　③ $\dfrac{1}{5}$　　④ $\dfrac{2}{5}$

❸ ① $\dfrac{7}{3}\left(2\dfrac{1}{3}\right)$　　② $\dfrac{1}{9}$　　③ $\dfrac{20}{9}\left(2\dfrac{2}{9}\right)$

❹ ① $\dfrac{6}{5}\left(1\dfrac{1}{5}\right)$　　② $\dfrac{5}{8}$　　③ $\dfrac{16}{11}\left(1\dfrac{5}{11}\right)$

④ $\dfrac{8}{3}\left(2\dfrac{2}{3}\right)$　　⑤ $\dfrac{7}{2}\left(3\dfrac{1}{2}\right)$　　⑥ $\dfrac{3}{8}$

⑦ $\dfrac{28}{15}\left(1\dfrac{13}{15}\right)$　⑧ $\dfrac{5}{28}$　　⑨ 4

⑩ $\dfrac{3}{2}\left(1\dfrac{1}{2}\right)$

❺ ① $\dfrac{9}{16}$　　② $\dfrac{1}{4}$　　③ $\dfrac{8}{9}$　　④ $\dfrac{2}{45}$

考え方 ❶❷ 約分のある分数のかけ算は、とちゅう、分母と分子の間で約分します。

👑 21 しあげのテスト

❶ ① $\dfrac{12}{35}$　　② $\dfrac{25}{12}\left(2\dfrac{1}{12}\right)$　　③ $\dfrac{5}{27}$

④ $\dfrac{7}{15}$　　⑤ $\dfrac{2}{9}$　　⑥ 1

⑦ $\dfrac{1}{4}$　　⑧ $\dfrac{1}{6}$　　⑨ $\dfrac{9}{10}$

⑩ $\dfrac{14}{5}\left(2\dfrac{4}{5}\right)$　⑪ $\dfrac{36}{5}\left(7\dfrac{1}{5}\right)$　⑫ $\dfrac{10}{3}\left(3\dfrac{1}{3}\right)$

⑬ $\dfrac{1}{2}$　　⑭ 1　　⑮ $\dfrac{51}{4}\left(12\dfrac{3}{4}\right)$

⑯ $\dfrac{18}{5}\left(3\dfrac{3}{5}\right)$　⑰ $\dfrac{52}{9}\left(5\dfrac{7}{9}\right)$　⑱ 4

⑲ $\dfrac{5}{42}$　　⑳ $\dfrac{3}{32}$　　㉑ $\dfrac{1}{4}$

㉒ $\dfrac{1}{10}$　　㉓ $\dfrac{8}{9}$　　㉔ 2

❷ ① $\dfrac{5}{3}\left(1\dfrac{2}{3}\right)$　② $\dfrac{7}{11}$　　③ $\dfrac{1}{8}$　　④ $\dfrac{5}{6}$

❸ ① $\dfrac{20}{21}$　　② $\dfrac{63}{40}\left(1\dfrac{23}{40}\right)$　③ $\dfrac{5}{6}$

④ $\dfrac{8}{9}$　　⑤ $\dfrac{28}{15}\left(1\dfrac{13}{15}\right)$　⑥ $\dfrac{35}{16}\left(2\dfrac{3}{16}\right)$

⑦ $\dfrac{4}{5}$　　⑧ 2　　⑨ $\dfrac{5}{56}$

⑩ 21　　⑪ $\dfrac{15}{2}\left(7\dfrac{1}{2}\right)$　⑫ $\dfrac{1}{18}$

⑬ $\dfrac{42}{25}\left(1\dfrac{17}{25}\right)$　⑭ $\dfrac{4}{25}$　　⑮ $\dfrac{11}{14}$

⑯ 6　　⑰ $\dfrac{21}{8}\left(2\dfrac{5}{8}\right)$　⑱ $\dfrac{4}{3}\left(1\dfrac{1}{3}\right)$

⑲ $\dfrac{1}{11}$　　⑳ $\dfrac{1}{2}$　　㉑ $\dfrac{1}{6}$

㉒ $\dfrac{3}{2}\left(1\dfrac{1}{2}\right)$　㉓ $\dfrac{9}{40}$　　㉔ 3

考え方 ❶ 約分のある分数のかけ算では、分母と分子の間で約分します。帯分数をふくむ場合には、仮分数になおしてから計算します。

22 6年間の計算の復習①　たし算・ひき算の筆算①

① ①118　②156　③147　④148
⑤107　⑥109　⑦131　⑧130
⑨101　⑩100　⑪107　⑫105

② ①63　②75　③84　④35
⑤21　⑥60　⑦46　⑧68
⑨98　⑩56　⑪73　⑫96

③ ①495　②788　③784　④817
⑤830　⑥842　⑦627　⑧901
⑨467　⑩1351　⑪1120　⑫1005

④ ①228　②349　③532　④391
⑤175　⑥280　⑦266　⑧248
⑨256　⑩388　⑪294　⑫224
⑬412　⑭519

考え方 整数のたし算ではくり上がりに、ひき算ではくり下がりに注意します。

23 6年間の計算の復習②　たし算・ひき算の筆算②

① ①5863　②9371　③8785
④6743　⑤5623　⑥9945
⑦8502　⑧5625　⑨7172
⑩8097　⑪8831　⑫9814
⑬6700　⑭8005　⑮9000
⑯6312　⑰9131　⑱9000
⑲6080　⑳4400　㉑9310
㉒7221　㉓4856　㉔9852

② ①4072　②3383　③3019
④2618　⑤3826　⑥2287
⑦4078　⑧1882　⑨2677
⑩3876　⑪3889　⑫1889
⑬1874　⑭2117　⑮2795
⑯1755　⑰1669　⑱2867
⑲2966　⑳3762　㉑6488
㉒3154　㉓4029　㉔6676
㉕7989　㉖8993

考え方

① ④
```
  4465
 +2278
 ─────
  6743
```
一の位、十の位からは、それぞれ1ずつくり上がります。

24 6年間の計算の復習③　かけ算の筆算

① ①65　②126　③592
④210　⑤838　⑥1388
⑦4186　⑧3642

②
①
```
    23
  ×42
 ─────
    46
   92
 ─────
   966
```
②
```
    62
  ×38
 ─────
   496
  186
 ─────
  2356
```
③
```
    93
  ×46
 ─────
   558
  372
 ─────
  4278
```
④
```
    87
  ×70
 ─────
  6090
```
⑤
```
   213
  × 34
 ─────
   852
  639
 ─────
  7242
```
⑥
```
   493
  × 67
 ─────
  3451
 2958
 ─────
 33031
```
⑦
```
   946
  × 54
 ─────
  3784
 4730
 ─────
 51084
```
⑧
```
   371
  × 60
 ─────
 22260
```
⑨
```
   804
  × 45
 ─────
  4020
 3216
 ─────
 36180
```

③ ①144　②340　③513
④1962　⑤3664　⑥4510

④
①
```
    15
  ×32
 ─────
    30
   45
 ─────
   480
```
②
```
    34
  ×27
 ─────
   238
   68
 ─────
   918
```
③
```
    37
  ×36
 ─────
   222
  111
 ─────
  1332
```
④
```
    56
  ×73
 ─────
   168
  392
 ─────
  4088
```
⑤
```
    64
  ×89
 ─────
   576
  512
 ─────
  5696
```
⑥
```
    38
  ×60
 ─────
  2280
```
⑦
```
    95
  ×48
 ─────
   760
  380
 ─────
  4560
```
⑧
```
   142
  × 26
 ─────
   852
  284
 ─────
  3692
```
⑨
```
   137
  × 58
 ─────
  1096
  685
 ─────
  7946
```

88

⑩
```
      225
   ×   54
      900
    1125
   12150
```

⑪
```
      453
   ×   65
     2265
    2718
   29445
```

⑫
```
      869
   ×   76
     5214
    6083
   66044
```

⑬
```
      560
   ×   79
     5040
    3920
   44240
```

⑭
```
      605
   ×   54
     2420
    3025
   32670
```

⑮
```
      700
   ×   87
     4900
    5600
   60900
```

考え方 ❷ ④
```
     87              87
   ×70      ⇒      ×70
   (00)             6090
   609
   6090
```
省略できる。　位取りの0は書く。

🐰 25 6年間の計算の復習 ④ わり算の筆算

❶ ①
```
       197
   5)985
     5
     48
     45
      35
      35
       0
```

②
```
       267
   3)801
     6
     20
     18
      21
      21
       0
```

③
```
       163
   4)653
     4
     25
     24
      13
      12
       1
```

④
```
       149
   6)897
     6
     29
     24
      57
      54
       3
```

⑤
```
       261
   3)784
     6
     18
     18
      4
      3
      1
```

⑥
```
        36
   7)252
     21
     42
     42
      0
```

⑦
```
        87
   9)783
     72
     63
     63
      0
```

⑧
```
        76
   4)304
     28
     24
     24
      0
```

⑨
```
        82
   8)657
     64
     17
     16
      1
```

⑩
```
        45
   6)275
     24
     35
     30
      5
```

⑪
```
        86
   7)607
     56
     47
     42
      5
```

⑫
```
        98
   9)889
     81
     79
     72
      7
```

❷ ①
```
        4
   78)312
      312
        0
```

②
```
        27
   19)513
      38
      133
      133
        0
```

③
```
        32
   25)815
      75
      65
      50
      15
```

④
```
        31
   27)840
      81
      30
      27
       3
```

⑤
```
        40
   16)644
      64
       4
```

⑥
```
         249
   36)8964
      72
      176
      144
       324
       324
         0
```

⑦
```
         198
   37)7336
      37
      363
      333
       306
       296
        10
```

⑧
```
         69
   34)2346
      204
      306
      306
        0
```

⑨
```
         75
   65)4875
      455
      325
      325
        0
```

⑩
```
         46
   67)3099
      268
      419
      402
       17
```

⑪
```
         17
   124)2108
      124
      868
      868
        0
```

⑫
```
         29
   325)9425
      650
      2925
      2925
         0
```

⑬
```
          34
   237)8067
      711
      957
      948
        9
```

考え方　わり算は、たてて、かけて、ひいて、おろしてのくり返しです。

89

26 6年間の計算の復習⑤ いろいろな計算①

1

①
```
    234
  × 351
    234
  1170
  702
  82134
```
②
```
    637
  × 362
   1274
  3822
  1911
 230594
```
③
```
    558
  × 495
   2790
  5022
  2232
 276210
```

④
```
     69
  × 286
    414
   552
  138
  19734
```
⑤
```
    409
  × 345
   2045
  1636
  1227
 141105
```
⑥
```
    308
  × 704
   1232
  2156
 216832
```

2

①
```
   2600
  × 340
    104
   78
  884000
```
②
```
    160
  × 4200
     32
   64
  672000
```

③
```
   3800
  × 450
    190
  152
  1710000
```
④
```
    370
  × 6400
    148
  222
  2368000
```

3 ①8640000 ②864億 ③864兆

4 ①61.3、613、6130
②7、70、700
③0.38、3.8、38

5 ①32.67、3.267、0.3267
②5.03、0.503、0.0503
③4、0.4、0.04

6 ①5.6 ②2890 ③904
④0.054 ⑤0.093 ⑥0.00416

27 6年間の計算の復習⑥ 小数のたし算・ひき算①

1 ①0.7 ②1 ③1.6
④3 ⑤9

2 ①5.7 ②7.8 ③8.6
④8.3 ⑤8.5 ⑥6
⑦8.7 ⑧13.4 ⑨17.5
⑩10.4 ⑪10 ⑫10

3 ①0.3 ②0.5 ③0.6
④0.7 ⑤5.4 ⑥3.7

4 ①4.3 ②5.3 ③3.9
④3.6 ⑤3.8 ⑥4.4
⑦0.2 ⑧4 ⑨0.8
⑩0.5 ⑪0.8 ⑫0.9
⑬0.7 ⑭1.7

考え方 **2** ⑥
```
  2.4
 +3.6
  6.0
```
← 和が整数になるときは、小数点以下の0は消します。

4 ⑥
```
  7.0
 -2.6
  4.4
```
← 小数点と0があると考えて、計算します。

28 6年間の計算の復習⑦ 小数のたし算・ひき算②

1 ①5.78 ②6.96 ③7.69 ④8.93
⑤7.02 ⑥6.43 ⑦9.17 ⑧10.08
⑨4.06 ⑩3.72 ⑪1.97 ⑫11.38
⑬10.28 ⑭12.01 ⑮14.16 ⑯5.43
⑰6.7 ⑱6.4 ⑲7.6 ⑳8
㉑8 ㉒10 ㉓10 ㉔5

2 ①3.25 ②2.51 ③4.15 ④6.19
⑤3.05 ⑥6.05 ⑦3.05 ⑧3.9
⑨2.19 ⑩3.08 ⑪4.28 ⑫0.88
⑬0.83 ⑭0.79 ⑮0.85 ⑯0.97
⑰0.58 ⑱3.95 ⑲3.77 ⑳4.34
㉑5.01 ㉒2.08 ㉓4.07 ㉔4.24
㉕3.38 ㉖0.07

考え方 **1** ⑰
```
  3.43
 +3.27
  6.70
```
← 6.70は6.7と等しいので0は消します。

2 ⑫
```
  2.71
 -1.83
  0.88
```
← 小数点の前の0は必ず書きます。

29 6年間の計算の復習⑧ 小数のかけ算①

1 ①0.6 ②4.5 ③3 ④4
⑤7 ⑥0.63 ⑦0.2 ⑧0.8

❷ ①8.1　②29.4　③45.6
④2.56　⑤6.23　⑥75.6
⑦93.2　⑧84.8　⑨8.19
⑩8.2　⑪7.5

❸
①　3.4
×23
102
68
78.2

②　6.8
×37
476
204
251.6

③　7.8
×46
468
312
358.8

④　4.5
×24
180
90
108.0

⑤　3.8
×45
190
152
171.0

⑥　0.34
×28
272
68
9.52

⑦　0.73
×45
365
292
32.85

⑧　0.67
×35
335
201
23.45

⑨　0.19
×68
152
114
12.92

⑩　0.26
×26
156
52
6.76

⑪　7.6
×23
228
152
174.8

⑫　1.34
×48
1072
536
64.32

⑬　2.31
×43
693
924
99.33

⑭　0.75
×80
60.00

⑮　0.45
×60
27.00

⑯　3.16
×40
126.40

⑰　2.57
×70
179.90

考え方 ❷❸ 小数×整数の計算では、整数×整数と同じように計算した後、かけられる数の小数点にそろえて、積の小数点をうちます。

30　6年間の計算の復習⑨　小数のかけ算②

❶ ①0.06　②0.54　③0.3　④0.68
⑤0.024

❷ ①　2.3
×0.4
0.92

②　3.2
×2.4
128
64
7.68

③　5.6
×4.7
392
224
26.32

④　1.9
×8.6
114
152
16.34

⑤　6.5
×8.7
455
520
56.55

⑥　7.6
×7.4
304
532
56.24

⑦　0.53
× 7.1
53
371
3.763

⑧　0.69
× 4.8
552
276
3.312

⑨　0.48
× 9.2
96
432
4.416

⑩　6.7
×0.84
268
536
5.628

⑪　9.3
×0.34
372
279
3.162

⑫　7.6
×0.87
532
608
6.612

❸
①　5.4
×0.45
270
216
2.430

②　7.2
×0.65
360
432
4.680

③　0.85
× 4.6
510
340
3.910

④　0.78
× 4.5
390
312
3.510

⑤　0.06
× 3.5
30
18
0.210

⑥　0.05
× 6.4
20
30
0.320

⑦　0.26
×0.18
208
26
0.0468

⑧　0.37
×0.25
185
74
0.0925

⑨　0.58
×0.63
174
348
0.3654

⑩　0.36
×0.81
36
288
0.2916

⑪　0.26
×0.03
0.0078

⑫　0.06
×0.14
24
6
0.0084

⑬　8.4
×2.74
336
588
168
23.016

⑭　4.3
×4.07
301
172
17.501

⑮　6.2
×5.04
248
310
31.248

⑯
```
    0.8
×  1.93
    2 4
  7 2
  8
1.5 4 4
```

⑰
```
    0.7
×  2.35
    3 5
  2 1
  1 4
1.6 4 5
```

⑱
```
    0.08
×  3.64
    3 2
  4 8
  2 4
0.2 9 1 2
```

考え方 ❷ ②
```
    3.2  ← 小数部分 1けた
×  2.4  ← 小数部分 1けた
  1 2 8
  6 4
  7.6 8  ← 積の小数部分は、
              1+1=2(けた)
```

🐰 31 6年間の計算の復習 ⑩ 小数のわり算 ①

❶ ①
```
      2.8
  3)8.4
    6
    2 4
    2 4
      0
```

②
```
      6.4
  7)44.8
    42
     2 8
     2 8
       0
```

③
```
      0.78
  6)4.68
    42
     4 8
     4 8
       0
```

④
```
      0.57
  9)5.13
    45
     6 3
     6 3
       0
```

⑤
```
      0.19
  5)0.95
    5
    4 5
    4 5
      0
```

⑥
```
      0.084
  8)0.672
      64
       3 2
       3 2
         0
```

❷ ①
```
       3.7
  24)88.8
     72
     16 8
     16 8
        0
```

②
```
       3.7
  19)70.3
     57
     13 3
     13 3
        0
```

③
```
       1.8
  53)95.4
     53
     42 4
     42 4
        0
```

④
```
        0.8
  47)37.6
     37 6
        0
```

⑤
```
        0.7
  35)24.5
     24 5
        0
```

⑥
```
        0.06
  79)4.74
      4 74
         0
```

❸ ①
```
      0.85
  4)3.4
    3 2
      2 0
      2 0
        0
```

②
```
      17.5
  4)70
    4
    3 0
    2 8
      2 0
      2 0
        0
```

③
```
      0.35
  12)4.2
     3 6
       6 0
       6 0
         0
```

④
```
      0.825
  8)6.6
    64
     2 0
     1 6
       4 0
       4 0
         0
```

⑤
```
      1.34
  25)33.5
     25
      8 5
      7 5
      1 0 0
      1 0 0
          0
```

⑥
```
      0.025
  68)1.70
      1 36
        3 40
        3 40
           0
```

⑦
```
       0.375
  32)12.0
     9 6
     2 40
     2 24
       1 60
       1 60
          0
```

⑧
```
       0.875
  16)14.0
     12 8
      1 20
      1 12
         8 0
         8 0
           0
```

❹ ①
```
      2.57
  7)18
    14
     4 0
     3 5
       5 0
       4 9
         1
```

②
```
       2.52
  17)43
     34
      9 0
      8 5
        5 0
        3 4
        1 6
```

1/10 の位…2.6

上から1けた…3

1/10 の位…2.5

上から1けた…3

③
```
       0.55
  39)21.6
     19 5
      2 10
      1 95
        1 5
```

④
```
       0.20
  23)4.81
     4 6
       2 1
```

1/10 の位…0.6

上から1けた…0.6

1/10 の位…0.2

上から1けた…0.2

考え方 ❸ 小数のわり算では、小数の終わりに0が続くものとして、計算を進めます。
❹ 商の整数部分が0のとき、上から1けたは、1/10の位になります。

❶

①
```
        2.7
2,3)6 2.1
    46
    1 6 1
    1 6 1
        0
```

②
```
        5.9
1,6)9 4.4
    80
    1 4 4
    1 4 4
        0
```

③
```
        5.3
6,8)3 6 0.4
    340
    2 0 4
    2 0 4
        0
```

④
```
        7.5
4,3)3 2 2.5
    3 0 1
    2 1 5
    2 1 5
        0
```

⑤
```
        4.9
3,7)1 8 1.3
    1 4 8
    3 3 3
    3 3 3
        0
```

⑥
```
          98
0,08)7.84
     7 2
     6 4
     6 4
       0
```

⑦
```
          34
0,7)2 3.8
    2 1
    2 8
    2 8
      0
```

⑧
```
          1 7
0,36)6.1 2
     3 6
     2 5 2
     2 5 2
         0
```

⑨
```
          7 5
1,2)9 0.0
    8 4
    6 0
    6 0
      0
```

⑩
```
           2 3 0
0,28)6 4.4 0
     5 6
     8 4
     8 4
        0
```

⑪
```
           4 8
0,25)1 2 0 0
     1 0 0
     2 0 0
     2 0 0
         0
```

❷

①
```
         0.48
7,5)3 6.0
    3 0 0
    6 0 0
    6 0 0
        0
```

②
```
         0.75
6,4)4 8.0
    4 4 8
    3 2 0
    3 2 0
        0
```

③
```
         0.65
5,6)3 6.4
    3 3 6
    2 8 0
    2 8 0
        0
```

④
```
         0.95
2,6)2 4.7
    2 3 4
    1 3 0
    1 3 0
        0
```

⑤
```
         0.95
3,8)3 6.1
    3 4 2
    1 9 0
    1 9 0
        0
```

⑥
```
          27.5
3,2)8 8.0
    6 4
    2 4 0
    2 2 4
    1 6 0
    1 6 0
        0
```

⑦
```
         42.5
1,6)6 8.0
    6 4
    4 0
    3 2
    8 0
    8 0
     0
```

⑧
```
          2.5
2,64)6.6 0
     5 2 8
     1 3 2 0
     1 3 2 0
           0
```

⑨
```
          4.8
1,75)8.4 0
     7 0 0
     1 4 0 0
     1 4 0 0
           0
```

❸ ①84.3 ②3.1 ③29.6

①
```
          3
        8 4.2 8
0,7)5 9.0
    5 6
    3 0
    2 8
    2 0
    1 4
    6 0
    5 6
    4
```

②
```
          1
        3.0 7
1,3)4.0
    3 9
    1 0 0
    9 1
    9
```

③
```
           2 9.6 2
0,27)8.0 0
     5 4
     2 6 0
     2 4 3
     1 7 0
     1 6 2
     8 0
     5 4
     2 6
```

④3.8 ⑤2.5

④
```
          8
        3.7 6
2,3)8.6 7
    6 9
    1 7 7
    1 6 1
    1 6 0
    1 3 8
    2 2
```

⑤
```
          5
        2.4 7
3,4)8.4
    6 8
    1 6 0
    1 3 6
    2 4 0
    2 3 8
    2
```

考え方 小数÷小数の計算では、小数点の位置に注意します。

❶

① $\frac{2}{3}$ ② $\frac{4}{5}$ ③ $\frac{5}{7}$

④ $\frac{6}{7}$ ⑤ $\frac{8}{9}$ ⑥ $\frac{8}{11}$

⑦ $\frac{7}{9}$ ⑧ $\frac{4}{5}$ ⑨ $\frac{3}{7}$

⑩ $1\left(\frac{8}{8}\right)$ ⑪ $1\left(\frac{4}{4}\right)$ ⑫ $1\left(\frac{10}{10}\right)$

⑬ $\frac{2}{5}$ ⑭ $\frac{1}{3}$ ⑮ $\frac{2}{7}$

⑯ $\frac{5}{9}$ ⑰ $\frac{1}{7}$ ⑱ $\frac{1}{5}$

⑲ $\frac{3}{7}$ ⑳ $\frac{2}{5}$ ㉑ $\frac{3}{11}$

㉒ $\frac{1}{2}$ ㉓ $\frac{1}{8}$ ㉔ $\frac{5}{6}$

❷
① $\dfrac{4}{3}\left(1\dfrac{1}{3}\right)$　② $\dfrac{9}{7}\left(1\dfrac{2}{7}\right)$　③ $\dfrac{14}{9}\left(1\dfrac{5}{9}\right)$

④ $\dfrac{8}{5}\left(1\dfrac{3}{5}\right)$　⑤ $2\left(\dfrac{14}{7}\right)$　⑥ $2\left(\dfrac{16}{8}\right)$

⑦ $\dfrac{11}{5}\left(2\dfrac{1}{5}\right)$　⑧ $\dfrac{19}{9}\left(2\dfrac{1}{9}\right)$　⑨ $\dfrac{16}{7}\left(2\dfrac{2}{7}\right)$

⑩ $2\left(\dfrac{8}{4}\right)$　⑪ $2\left(\dfrac{16}{8}\right)$　⑫ $2\left(\dfrac{12}{6}\right)$

⑬ $\dfrac{3}{5}$　⑭ $\dfrac{6}{7}$　⑮ $\dfrac{8}{9}$

⑯ $1\left(\dfrac{6}{6}\right)$　⑰ $1\left(\dfrac{4}{4}\right)$　⑱ $\dfrac{1}{3}$

⑲ $1\left(\dfrac{7}{7}\right)$　⑳ $\dfrac{4}{7}$　㉑ $\dfrac{4}{5}$

㉒ $\dfrac{2}{3}$　㉓ $\dfrac{8}{9}$　㉔ $\dfrac{9}{11}$

㉕ $\dfrac{11}{6}\left(1\dfrac{5}{6}\right)$　㉖ $\dfrac{21}{8}\left(2\dfrac{5}{8}\right)$

考え方 ❶ ㉒ 整数の1は、ひく数の分母の 2にあわせて、$\dfrac{2}{2}$になおして計算します。

34　6年間の計算の復習⑬　分数のたし算・ひき算②

❶
① $\dfrac{5}{6}$　② $\dfrac{11}{12}$　③ $\dfrac{14}{9}\left(1\dfrac{5}{9}\right)$

④ $\dfrac{37}{24}\left(1\dfrac{13}{24}\right)$　⑤ $\dfrac{9}{10}$　⑥ $\dfrac{3}{2}\left(1\dfrac{1}{2}\right)$

⑦ $\dfrac{1}{12}$　⑧ $\dfrac{1}{36}$　⑨ $\dfrac{7}{18}$

⑩ $\dfrac{1}{3}$　⑪ $\dfrac{3}{10}$　⑫ $\dfrac{13}{15}$

❷
① $\dfrac{25}{12}\left(2\dfrac{1}{12}\right)$　② $\dfrac{37}{12}\left(3\dfrac{1}{12}\right)$　③ $\dfrac{43}{15}\left(2\dfrac{13}{15}\right)$

④ $\dfrac{18}{5}\left(3\dfrac{3}{5}\right)$　⑤ $\dfrac{10}{3}\left(3\dfrac{1}{3}\right)$　⑥ $\dfrac{9}{2}\left(4\dfrac{1}{2}\right)$

⑦ $\dfrac{9}{10}$　⑧ $\dfrac{15}{8}\left(1\dfrac{7}{8}\right)$　⑨ $\dfrac{11}{6}\left(1\dfrac{5}{6}\right)$

⑩ $\dfrac{5}{6}$　⑪ $\dfrac{13}{6}\left(2\dfrac{1}{6}\right)$　⑫ $\dfrac{17}{6}\left(2\dfrac{5}{6}\right)$

⑬ $\dfrac{11}{4}\left(2\dfrac{3}{4}\right)$

考え方 ❷ ⑦ $\dfrac{3}{5}\left(=\dfrac{6}{10}\right)$から$\dfrac{7}{10}$がひけない

ので、$1\dfrac{3}{5}$を$\dfrac{8}{5}$にしてから計算します。

$$1\dfrac{3}{5}-\dfrac{7}{10}=\dfrac{8}{5}-\dfrac{7}{10}=\dfrac{16}{10}-\dfrac{7}{10}=\dfrac{9}{10}$$

35　6年間の計算の復習⑭　分数のかけ算

❶
① $\dfrac{1}{35}$　② $\dfrac{8}{15}$　③ $\dfrac{25}{24}\left(1\dfrac{1}{24}\right)$

④ $\dfrac{8}{15}$　⑤ $\dfrac{15}{28}$　⑥ $\dfrac{4}{15}$

⑦ $\dfrac{2}{3}$　⑧ 1　⑨ $\dfrac{3}{8}$

⑩ $\dfrac{4}{9}$　⑪ $\dfrac{6}{7}$　⑫ $\dfrac{45}{8}\left(5\dfrac{5}{8}\right)$

⑬ $\dfrac{9}{2}\left(4\dfrac{1}{2}\right)$　⑭ 1　⑮ $\dfrac{10}{3}\left(3\dfrac{1}{3}\right)$

⑯ 10

❷
① $\dfrac{45}{56}$　② $\dfrac{14}{5}\left(2\dfrac{4}{5}\right)$　③ $\dfrac{1}{2}$

④ 4　⑤ $\dfrac{25}{6}\left(4\dfrac{1}{6}\right)$　⑥ $\dfrac{18}{7}\left(2\dfrac{4}{7}\right)$

⑦ $\dfrac{28}{5}\left(5\dfrac{3}{5}\right)$　⑧ $\dfrac{7}{3}\left(2\dfrac{1}{3}\right)$　⑨ $\dfrac{16}{3}\left(5\dfrac{1}{3}\right)$

⑩ $\dfrac{3}{14}$　⑪ $\dfrac{1}{6}$　⑫ $\dfrac{7}{6}\left(1\dfrac{1}{6}\right)$

⑬ 1

考え方 ❶ ⑦ $\dfrac{\overset{1}{\cancel{3}}}{\cancel{7}}\times\dfrac{\overset{2}{\cancel{14}}}{\underset{3}{\cancel{9}}}=\dfrac{2}{3}$

36 6年間の計算の復習 ⑮ 分数のわり算

❶ ① $\frac{4}{21}$ ② $\frac{25}{18}\left(1\frac{7}{18}\right)$ ③ $\frac{4}{15}$

④ $\frac{16}{3}\left(5\frac{1}{3}\right)$ ⑤ $\frac{1}{4}$ ⑥ $\frac{4}{3}\left(1\frac{1}{3}\right)$

⑦ 2 ⑧ $\frac{21}{4}\left(5\frac{1}{4}\right)$ ⑨ $\frac{10}{3}\left(3\frac{1}{3}\right)$

⑩ $\frac{7}{18}$ ⑪ 10 ⑫ $\frac{2}{27}$

❷ ① $\frac{9}{64}$ ② $\frac{14}{5}\left(2\frac{4}{5}\right)$ ③ 12

④ $\frac{25}{18}\left(1\frac{7}{18}\right)$ ⑤ $\frac{4}{3}\left(1\frac{1}{3}\right)$ ⑥ 2

⑦ $\frac{21}{10}\left(2\frac{1}{10}\right)$ ⑧ $\frac{2}{15}$ ⑨ 6

⑩ $\frac{9}{16}$ ⑪ 3 ⑫ $\frac{1}{2}$

⑬ $\frac{2}{7}$

考え方 分数÷整数の計算では、
1. 整数を分数の分母にかける
2. 整数の逆数を分数にかける
の2通りの書き方があります。

37 6年間の計算の復習 ⑯ いろいろな計算 ②

❶ ① 7 ② 22 ③ 7 ④ 4
⑤ 70 ⑥ 4 ⑦ 23 ⑧ 24
⑨ 2 ⑩ 4 ⑪ 36 ⑫ 5
⑬ 10 ⑭ 12 ⑮ 4 ⑯ 96

❷ ① 33 ② 13 ③ 15 ④ 25
⑤ 12 ⑥ 12 ⑦ 59 ⑧ 0
⑨ 19 ⑩ 3 ⑪ 32 ⑫ 5
⑬ 28

考え方 ×、÷、+、−が混じり、（ ）を使った
式の計算では、1.（ ）の中、2. ×、÷、3. +、
−の順に計算していきます。

❷ ③ $5+2\times(7-2)=5+2\times5$
$=5+10$
$=15$

38 6年間の計算の復習 ⑰ いろいろな計算 ③

❶ ① $\frac{19}{60}$ ② $\frac{13}{15}$ ③ $\frac{2}{5}$

④ $\frac{11}{60}$ ⑤ $\frac{7}{16}$ ⑥ $\frac{13}{4}\left(3\frac{1}{4}\right)$

⑦ $\frac{1}{2}$ ⑧ $\frac{3}{2}\left(1\frac{1}{2}\right)$ ⑨ $\frac{3}{2}\left(1\frac{1}{2}\right)$

⑩ $\frac{5}{12}$ ⑪ $\frac{25}{36}$ ⑫ $\frac{16}{3}\left(5\frac{1}{3}\right)$

⑬ $\frac{16}{7}\left(2\frac{2}{7}\right)$ ⑭ $\frac{9}{40}$ ⑮ $\frac{20}{9}\left(2\frac{2}{9}\right)$

⑯ $\frac{1}{6}$

❷ ① $\frac{1}{3}$ ② $\frac{1}{9}$ ③ $\frac{9}{20}$

④ $\frac{1}{15}$ ⑤ $\frac{23}{12}\left(1\frac{11}{12}\right)$ ⑥ $\frac{21}{10}\left(2\frac{1}{10}\right)$

⑦ $\frac{23}{30}$ ⑧ $\frac{13}{40}$ ⑨ $\frac{5}{4}\left(1\frac{1}{4}\right)$

⑩ $\frac{7}{24}$ ⑪ $\frac{1}{3}$ ⑫ $\frac{11}{3}\left(3\frac{2}{3}\right)$

⑬ $\frac{2}{15}$

考え方 分数と小数の混じった計算では、計算
の順序は整数の場合と同じですが、小数を分数
になおして計算するとよいでしょう。

1
①883	②10015	③218
④9.17	⑤7	⑥1.79
⑦4914	⑧44840	⑨549942
⑩21.98	⑪110.4	⑫63.468

2
| ①27 | ②17 | ③6.3 |
| ④5.2 | ⑤3.1 | ⑥3.5 |

3
①$\frac{11}{7}\left(1\frac{4}{7}\right)$	②$\frac{12}{5}\left(2\frac{2}{5}\right)$	③$\frac{7}{18}$
④$\frac{1}{6}$	⑤$\frac{13}{7}\left(1\frac{6}{7}\right)$	⑥$\frac{38}{9}\left(4\frac{2}{9}\right)$
⑦$\frac{4}{9}$	⑧$\frac{3}{4}$	⑨$\frac{9}{4}\left(2\frac{1}{4}\right)$
⑩$\frac{17}{24}$	⑪$\frac{1}{15}$	⑫$\frac{5}{2}\left(2\frac{1}{2}\right)$
⑬$\frac{5}{24}$	⑭$\frac{2}{3}$	⑮$\frac{35}{3}\left(11\frac{2}{3}\right)$
⑯$\frac{10}{7}\left(1\frac{3}{7}\right)$	⑰$\frac{15}{16}$	⑱$\frac{8}{3}\left(2\frac{2}{3}\right)$
⑲$\frac{1}{8}$	⑳$\frac{8}{15}$	㉑$\frac{1}{9}$
㉒16	㉓$\frac{14}{5}\left(2\frac{4}{5}\right)$	㉔$\frac{1}{6}$
㉕$\frac{7}{12}$	㉖$\frac{9}{2}\left(4\frac{1}{2}\right)$	

考え方 **1 2** 小数のかけ算・わり算では、小数点の位置に注意しましょう。
3 分数のかけ算・わり算では、帯分数は仮分数になおして計算します。

1
①11000	②4879	③1882
④8.262	⑤3.75	⑥0.79
⑦882	⑧12700	⑨8942
⑩38.86	⑪0.3479	⑫0.25

2
| ①638 | ②78 | ③1.7 |
| ④5.6 | ⑤28 | ⑥4.5 |

3
①$\frac{5}{7}$	②$\frac{27}{40}$	③$\frac{7}{3}\left(2\frac{1}{3}\right)$
④$\frac{49}{24}\left(2\frac{1}{24}\right)$	⑤$\frac{7}{2}\left(3\frac{1}{2}\right)$	⑥$\frac{11}{2}\left(5\frac{1}{2}\right)$
⑦$\frac{4}{7}$	⑧$\frac{2}{3}$	⑨$\frac{11}{6}\left(1\frac{5}{6}\right)$
⑩$\frac{14}{5}\left(2\frac{4}{5}\right)$	⑪$\frac{7}{24}$	⑫$\frac{7}{3}\left(2\frac{1}{3}\right)$
⑬$\frac{20}{63}$	⑭$\frac{7}{9}$	⑮$\frac{20}{3}\left(6\frac{2}{3}\right)$
⑯$\frac{9}{16}$	⑰$\frac{4}{3}\left(1\frac{1}{3}\right)$	⑱$\frac{55}{14}\left(3\frac{13}{14}\right)$
⑲$\frac{35}{36}$	⑳$\frac{21}{4}\left(5\frac{1}{4}\right)$	㉑$\frac{6}{7}$
㉒$\frac{21}{4}\left(5\frac{1}{4}\right)$	㉓$\frac{2}{3}$	㉔2
㉕$\frac{4}{5}$	㉖$\frac{3}{14}$	

考え方 **1 2** 小数の計算では、0のあつかいに注意しましょう。
3 分数の計算では、約分できるときは、必ず約分しましょう。